Sebastian Niekrens

Sucht im Alter

Soziologische Studien

Band 40

Sebastian Niekrens

Sucht im Alter

Möglichkeiten der Intervention aus sozialarbeiterischer Perspektive

Centaurus Verlag & Media UG

Zum Autor
Sebastian Niekrens ist Drogenberater in einer ambulanten Suchthilfeeinrichtung
(Anonyme Drogenberatung e.V. Iserlohn)

Bibliografische Informationen der Deutschen Nationalbibliothek
Die Deutsche Nationalbibliothek verzeichnet diese Publikation in der
Deutschen Nationalbibliografie; detaillierte bibliografische Daten sind
im Internet über http://dnb.d-nb.de abrufbar.

ISBN 978-3-86226-141-3   ISBN 978-3-86226-898-6 (eBook)
DOI 10.1007/978-3-86226-898-6

ISSN 0937-664X

Gedruckt auf säurefreiem und chlorfrei gebleichtem Papier.

© *CENTAURUS Verlag & Media KG, Freiburg 2012*
www.centaurus-verlag.de

Umschlaggestaltung: Jasmin Morgenthaler
Umschlagabbildung: Leer, Foto: Rowan, Quelle: www.photocase.de
Satz: Vorlage des Autors

Inhaltsverzeichnis

1. Einleitung

Die Sucht bzw. die psychische und/oder physische Abhängigkeit gilt in weiten Teilen der Gesellschaft als ein tabuisiertes Thema. Gerade substanzbezogene Abhängigkeiten älterer Menschen werden durch Angehörige und andere Menschen des sozialen Umfeldes oftmals nicht angesprochen und stillschweigend akzeptiert, so dass Suchtproblematiken hier häufig im Verborgenen bleiben. So berichtet die Deutsche Hauptstelle für Suchtfragen e.V. (DHS) von Schätzungen, dass Männer über 60 Jahren zu zwei bis drei Prozent und Frauen über 60 Jahren zu ca. ein Prozent ein suchtproblematisches Alkoholkonsummuster aufweisen, 16 Prozent der Männer und sieben Prozent der Frauen rauchen und bei ca. fünf bis zehn Prozent beider Geschlechter ein problematischer Konsum psychoaktiver Medikamente besteht.[1] Hinsichtlich der geringen Anzahl älterer Menschen, welche Einrichtungen der Suchthilfe nutzen (2,7% der Betreuten waren 2004 zwischen 60 und 64 Jahre alt, 1,8% der Betreuten waren über 65 Jahre alt[2]), scheint sich der Eindruck zu bestätigen, dass Sucht im Alter häufig nicht wahrgenommen oder thematisiert wird. In Anbetracht der demographischen Entwicklung, die zu einer zunehmenden Alterung der Bevölkerung führt, gewinnt das Thema der Sucht im Alter vermehrt an gesamtgesellschaftlicher Bedeutung und Brisanz. Gerade im Kontext der Dynamik gesellschaftlicher Entwicklungen, welche auch mit einem Strukturwandel des Alters einhergehen, sind das Auftreten von Suchtproblematiken und ihre zukünftige Entwicklung zu betrachten. Es stellen sich die Fragen, von welchen Faktoren das Leben der alten Menschen in der heutigen Gesellschaft geprägt ist, welche Defizite und Komplikationen altersspezifisch auftreten und welche Faktoren eine Sucht im Alter begünstigen bzw. welche Hintergründe und Bedingungen in der Altenarbeit hinsichtlich der Suchtproblematik zu bedenken und zu berücksichtigen sind. Diese Arbeit versucht unter Berücksichtigung aktueller demographischer Entwicklungen die Struktur des Alters in der Gesellschaft differenziert darzustellen, um Komplikationen und Defizite, welche mit dem Alter einhergehen und somit das Entstehen von Suchter-

---

[1] Vgl. MADER, GAßMANN 2006: 7
[2] Statistik der Deutschen Hauptstelle für Suchtfragen 2004

krankungen begünstigen können, zu analysieren. Des .Weiteren soll der Begriff der „Sucht" hier genau definiert und differenziert betrachtet werden. Neben einer Analyse der Hintergründe einer Suchtentstehung werden in dieser Arbeit vor allem die Süchte berücksichtigt, welche gegenwärtig in höheren Altersgruppen vertreten sind. Auch soll diese Arbeit Aufschluss geben über eventuelle Ungleichverteilungen des Vorkommens suchtspezifischen Verhaltens hinsichtlich der Lebensräume alter Menschen bzw. ihrer Unterkunft im ambulanten privaten Bereich und in Einrichtungen der stationären Altershilfe, sowie über Möglichkeiten der Genesung suchtkranker Menschen. Bei den Möglichkeiten sozialarbeiterischer Intervention im Umgang mit suchtkranken alten Menschen sollen hier spezifische Besonderheiten Berücksichtigung finden, indem Zugangswege zu dem betroffenen Menschen erläutert und Reaktionsmöglichkeiten der Altenarbeit auf altersspezifische Problemlagen erarbeitet werden. Diese Betrachtung bedarf vor allem auch der Auseinandersetzung mit therapeutischen Aspekten, welche hinsichtlich der Arbeit mit alten Menschen gesondert differenziert werden sollten. Schließlich soll diese Arbeit derzeitige Aufgaben und Erfordernisse der Sozialen Arbeit hinsichtlich des Themas Sucht im Alter verdeutlichen.

2. Der demographische Wandel und der Strukturwandel des Alter(n)s

Definition des Alters

Bevor eine differenzierte Darstellung des Alters und seiner Bedeutung im Kontext gesellschaftlicher Entwicklungen dargelegt wird, soll hier zunächst der Begriff des Alters definiert werden. Zur Bestimmung von Alter ist es notwendig, diverse Faktoren zu berücksichtigen. So lässt sich eine Lebensphase des Alters zunehmend schwerer von dem mittleren Erwachsenenalter abgrenzen, da sich klassische gesellschaftliche Determinanten zur Bestimmung des Alters mit den Entwicklungen der modernen Gesellschaft und dem damit einhergehenden Strukturwandel der Lebensphase Alter häufig nicht deutlich bestimmen lassen. Es lassen sich das kalendarische/chronologische, das psychische-intellektuelle, das biologische und das soziale Alter differenzieren. Aufgrund der relativ langen Lebensspanne der heutigen Altersphase und hinsichtlich der beschriebenen individuellen Unterschiede im Alterungsprozess und der unterschiedlichen Optionen der Partizipation im Alter ist es sinnvoll mehrere Altersgruppen innerhalb der Lebensphase Alter zu differenzieren.[3] So werden die „Jungen Alten" (60-65/70), die „Alten" (70- 80/85) und die „Hochaltrigen" oder auch „Hochbetagten" (ab 80/85) unterschieden. Der deutsche Alternsforscher Paul B. Baltes bezeichnet die Lebensphase der Gruppe der „Hochaltrigen" hinsichtlich der hohen Lebenserwartung als die „Vierte Lebensphase", welche auf die Lebensphasen Kindheit/Jugend, Erwachsensein und Alter folgt.[4]

Der demographische Wandel

Um zu einer umfassenden Perspektive über das Alter in der heutigen Gesellschaft zu gelangen, ist es notwendig, zunächst die Faktoren zu erläutern, welche maßgeblich zu der Entwicklung und Prägung des Alters in der Gesellschaft beigetragen haben und weiterhin beitragen. Hier ist vor allem

---

[3] Bundesministerium 2001: 46 in THIEME 2008: 36
[4] THIEME 2008: 37

der demographische Wandel zu nennen, welcher die Entwicklung der Zu-
sammensetzung der Bevölkerung beschreibt. Ähnlich wie alle industriellen
Dienstleistungsgesellschaften ist auch Deutschland in den letzten Jahrzehnten demographischen Faktoren unterworfen, die sich in 4 Trends zusammenfassen lassen. So ist ein Geburtenrückgang (erstens) festzustellen.
Gleichzeitig ist es zu einer gestiegenen Lebenserwartung (zweitens) der
Menschen gekommen. Diese beiden Faktoren haben den Trend der Alterung der Bevölkerung (drittens) zur Folge, da die Anzahl der alten Menschen im Vergleich zu früheren Zeiten zunimmt und die der jungen Menschen abnimmt. Ein weiterer Trend ist die Multiethnizität (viertens). So lässt
sich in den letzten 4 Jahrzehnten ein langfristiger Trend der Einwanderung
von ethnischen Minderheiten beobachten, der wiederum eine Entwicklung
von einer monoethnischen hin zu einer multiethnischen Bevölkerung zur
Folge hat.[5] Auf den Trend der Multiethnizität soll in dieser Arbeit jedoch
nicht tiefergehend eingegangen werden, da sie den Gegenstand dieser Arbeit nicht beeinflusst bzw. ein direkter Bezug gegenwärtig nicht festzustellen ist. Nach Berechnungen des statistischen Bundesamtes soll die deutsche Bevölkerung bis zum Jahr 2050 um acht Millionen Menschen kleiner
werden, obwohl nach dieser Hochrechnung eine jährliche Zuwanderung
von 200.000 Personen unterstellt wurde. Dieser Trend lässt sich auch aus
der folgenden Abbildung des Statistischen Bundesamtes zur Darstellung
der deutschen Bevölkerungsentwicklung und der Altersstruktur ersehen, in
der die Anzahl der Bevölkerung in absoluten Zahlen und die jeweiligen An-
teile der Altersgruppen prozentual angegeben sind.

---

[5] GEIßLER 2006: 41

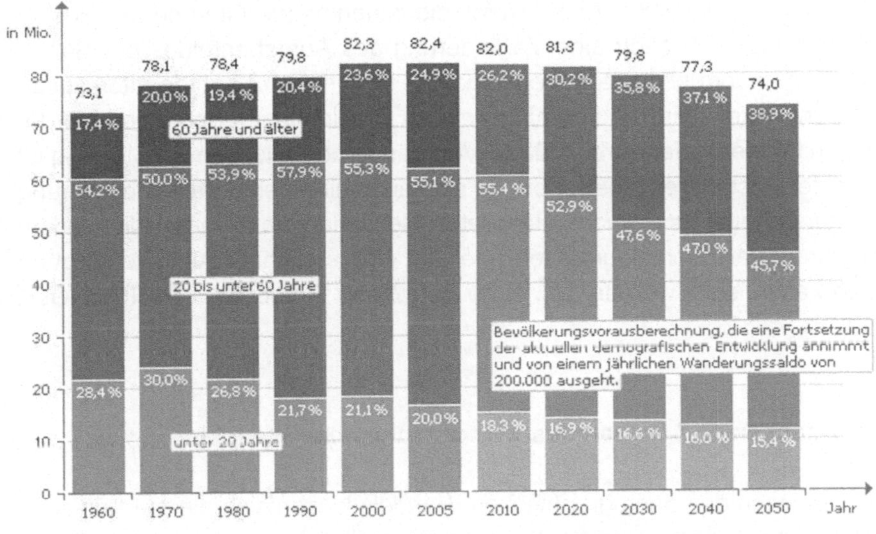

Hier sind die Bevölkerungsentwicklung von 1960 bis 2010 in Deutschland und die vom statistischen Bundesamt erwartete Entwicklung der Bevölkerungsstruktur bis zu dem Jahr 2050 dargestellt. Neben dem Sinken der absoluten Bevölkerungsgröße werden hier vor allem der schrumpfende Bevölkerungsanteil der unter 20 Jährigen und der wachsende Anteil der über 60 Jährigen deutlich. Diese Entwicklung lässt sich auch als das „dreifache Altern" bezeichnen. Das „dreifache Altern" umschreibt den absoluten Anstieg der Anzahl älterer Menschen, den relativen Anstieg der Anzahl älterer Menschen, bzw. die Anzahl älterer Menschen in der Relation zu dem Sinken der Größe des jüngeren Bevölkerungsanteils und den Anstieg der Bevölkerungsgruppe der über 75 Jährigen.[7] Ein entscheidender Faktor der zukünftigen demographischen Entwicklung ist das Altern der geburtenstarken Jahrgänge, welche selber weniger Kinder zur Welt brachten. So stieg

---

[6] Bundeszentrale für politische Bildung/24.03.2010
[7] TEWS 1993: 17

11

die Geburtenrate von 820.000 geborenen Kindern im Jahr 1955 auf 1.065.000 im Jahr 1964 an. Anschließend ging die Anzahl der Geburten auf 576.000 im Jahr 1978 zurück.[8] Durch die zunehmende Alterung der Gesellschaft deutet sich auch eine Veränderung des Aufgabenfeldes der Suchtarbeit an, indem sich die Lebenslage der betroffenen Klienten altersspezifisch entwickeln wird und somit zu neuen Problemlagen und Herausforderungen für die Soziale Arbeit führt. „Von der demografischen Entwicklung ist auch der Suchtbereich betroffen, da sich auch eine demografische Alterung suchtbetroffener und suchtgefährdeter Menschen abzeichnet, die zudem aufgrund ihrer Suchtbiographie früher auf eine stationäre Altersversorgung angewiesen sein werden als nicht betroffene Personen." (HÖPFLINGER 2009: 4)

2.1 Ursachen und Folgen des demographischen Wandels

Als Ursachen des demographischen Wandels lassen sich die medizinische Entwicklung, welche eine Senkung der Mortalität, insbesondere von Säuglingen und alten Menschen herbeiführte, Veränderungen sozialer und wirtschaftlicher Bedingungen, in deren Folge sich die Geburtenrate verringerte, sowie die demographischen Auswirkungen politischer Ereignisse, wie z.B. die Weltkriege, nennen. Einen weiteren beeinflussenden Faktor stellt das Wanderungsgeschehen gegenüber dem Ausland dar.[9] Hinsichtlich der erwähnten medizinischen Entwicklung wird bezüglich der verringerten Geburtenrate häufig die Einführung der Empfängnisverhütung diskutiert. Hier ist jedoch zu berücksichtigen, dass diese Entwicklung zwar zum einem durch die Einführung der Ovulationshemmer (Anti-Babypille) und der damit einhergehenden vergrößerten Entscheidungsfreiheit über eine Schwangerschaft einhergeht, diese Entscheidung jedoch wiederum durch den Strukturwandel zur modernen Gesellschaft begleitet wurde. Ulrich Beck (1986) benennt die Entwicklung, die zu einer Aufhebung der während der „Ersten Moderne" entstandenen Institutionen, Gruppierungen und sozialen Rollen

---

[8] GEIßLER 2006: 45
[9] BACKES, CLEMENS 1998: 32

führte, die „Zweite Moderne".[10] Im Zuge dieser „Zweiten Moderne" kam es zu einer Entwicklung der „bürgerlichen Frauenrolle", in der das moderne Emanzipationsverständnis entstand, in dem Frauen an Bildung teilnehmen, berufliche Karrieren verfolgen und der Kinderwunsch häufig sekundär erscheint. Dieses ist jedoch auch durch Risiken bedingt, welche die moderne Gesellschaft aufweist. So ist die moderne Gesellschaft als eine „Multioptionsgesellschaft" (GROSS 1994) zu verstehen, in der es zu einem Verlust der Bedeutung von Traditionen gekommen ist, woraus neben der Möglichkeit individueller Freiheit und Lebensgestaltung auch eine vermehrte Unsicherheit bezüglich der Lebensorientierung entstand. Da mit den Anforderungen einer Familiengründung eine Einschränkung persönlicher Freiheiten einhergeht, welche den Anforderungen des Arbeitsmarktes nach örtlicher und zeitlicher Flexibilität zuwider läuft, besteht in dem Kinderwunsch gleichzeitig eine Diskrepanz zu dem Wunsch eine Berufstätigkeit auszuüben.[11] Die Folge ist, dass gerade Frauen mit höherem Bildungsniveau häufiger auf Kinder verzichten. Dieses geht auch aus einer Statistik aus dem Jahr 2003 hervor, die besagt, dass in Westdeutschland 44% der Akademikerinnen im Alter zwischen 35 und 39 Jahren kinderlos sind.[12] Diese Tatsache entsteht auch dadurch, dass die Bildungs- und Berufsorientierung eine Anpassung an männliche Karrieremuster voraussetzt.[13] Darüber hinaus ist immer noch eine mangelnde Versorgung mit Kinderbetreuungsplätzen zu berücksichtigen. Zum einem finden häufig gerade in Westdeutschland junge Eltern keine Möglichkeit, einen Kindergarten, eine Vorschule oder eine entsprechende Nachmittagseinrichtung für ihr Kind in Anspruch zu nehmen, zum anderem bestehen häufig Zweifel an der Qualität der bestehenden Einrichtungen. Neben der gestiegenen Lebenserwartung aller Bevölkerungsgruppen ist also ein Rückgang der Fertilitätsrate zu beobachten. Die gestiegene Lebenserwartung bedeutet für die meisten Menschen zunächst einen Gewinn an Lebensjahren und an Lebensqualität, da sich auch der Lebensabend in der Regel in einer relativen Gesundheit verbringen lässt. Dieses ist unabhängig von anderen demographischen Entwick-

---

[10] Der Begriff der „Zweiten Moderne" stellt eine genauere Beschreibung der Entwicklung der modernen Gesellschaft als der der Begriff der „postmoderne", da dieser eine Aufhebung der Moderne impliziert.
[11] THIEME 2008: 93
[12] BMFSJ 2003: 76
[13] GEIßLER 2006: 48

lungen positiv zu betrachten. Ebenso positiv sind die Entwicklungen der Frauenemanzipation zu sehen, die einen Gewinn an persönlicher Freiheit, durch die Möglichkeit, sich unabhängig von gesellschaftlichen Vorgaben individuell nach persönlichen Präferenzen und Qualifikationen an gesellschaftlichen Teilbereichen zu partizipieren, bedeuten. Beide Prozesse tragen jedoch auch gesellschaftliche Konsequenzen mit sich, die auch als „demographisches Paradox" bezeichnet werden. (BIEDENKOPF u.a. 2005: 34) Der Gewinn der individuellen Lebensgestaltung und der Emanzipation der Frau ist in allen OECD- Ländern mit einem Sinken der Geburtenrate einhergegangen. Gleichzeitig führt die gestiegene Lebenserwartung der älteren Generation zu einer zunehmenden Belastung der sozialstaatlichen Systeme.[14] So führt diese Entwicklung vor allem zu einer Belastung des, auf der Solidargemeinschaft basierenden „Generationenvertrages", welcher wiederum die Rentenfinanzierung stützt. Hieraus möglicherweise erwachsende Konflikte zwischen den Generationen werden jedoch aufgrund von Solidaritätsbeziehungen zwischen den Generationen als eher unwahrscheinlich erachtet.[15, 16] Dennoch ist in diesem Zusammenhang eine mögliche Gefahr diskriminierender Tendenzen gegenüber dem älteren Bevölkerungsanteil gegeben, welche präjudizierende Begriffe wie „Altenberg", „Überalterung" oder „Belastungsquote" implizieren.[17] Eine weitere mögliche Komplikation für den älteren Bevölkerungsanteil besteht in dem Bereich der Pflege. Durch die vermehrt vorkommende Entscheidung zu einer kinderlosen Lebensführung bzw. durch das Anpassen der Lebensführung an die Bedingungen der modernen Gesellschaft verringert sich das innerfamiliäre Pflegepotenzial. „Da bisher der überwiegende Teil der Pflege vor allem Hochbetagter im familiären Rahmen erbracht wird und zudem die Kosten öffentlicher Pflege – trotz Pflegeversicherung – ständig steigen, wird eine potentiell nachlassende Bereitschaft und Fähigkeit zur häuslichen Pflege mit Sorge betrachtet." (BACKES, CLEMENS 1998: 51) Hinsichtlich dieser Entwicklung ist davon auszugehen, dass der Trend zur Pflege in öffentlichen Pflegeeinrichtungen in Zukunft weiter zunehmen wird.[18] Neben den erwähnten eher nachteiligen Folgen des demographischen Wandels für

---

[14] BERTRAM 2009: 7
[15] BACKES, CLEMENS 1998:51
[16] Vgl. KOHLI 1998
[17] BACKES, CLEMENS 1998: 53
[18] BACKES, CLEMENS 1998: 52

den älteren Bevölkerungsteil hat sich eine ausdifferenziertere Lebensphase des Alters entwickelt. Diese Entwicklung der Lebensphase Alter lässt sich unter dem Begriff des „Strukturwandels des Alters" zusammenfassen. (TEWS 1993: 15)

2.2 Der Strukturwandel des Alter(n)s

Die Entwicklung der Lebensphase Alter wird neben dem beschriebenen demographischen Wandel vor allem durch sozialstrukturelle Veränderungen innerhalb der Kohorte der älteren Bevölkerung bestimmt, welche jedoch wiederum durch ersteres bedingt sind. Um die Bedeutung der Sozialstruktur in seiner Komplexität nachzuvollziehen, soll hier zunächst der (Sozial-)Strukturbegriff definiert werden. Der Begriff beschreibt relativ dauerhafte soziale Gebilde und Handlungsmuster, in denen die Individuen verankert sind und für sie somit handlungsleitende Verbindlichkeiten darstellen. Somit ist die Sozialstruktur ein Teil der Gesamtsituation, an der das Individuum sein Handeln orientiert. Jedoch ist dieses kein einseitiger Prozess, in dem die Struktur das Handeln bestimmt. So entsteht und entwickelt sich die bestehende Sozialstruktur erst aus den Handlungen der Individuen.[19] Merkmale, welche kennzeichnend für die sozialstrukturelle Entwicklung des Alters sind, erscheinen in vielfältigen Facetten und sollen im Folgenden differenziert dargestellt werden, da nur unter Berücksichtigung dieser Faktoren eine Schlussfolgerung hinsichtlich der Prädisposition älterer Menschen zur Suchtmittelabhängigkeit möglich erscheint.

Die Verjüngung des Alters

Die „Verjüngung des Alters" (TEWS 1993: 23) basiert auf diversen Faktoren. So verdeutlicht sich diese Entwicklung zunächst in einer aktiveren Lebensgestaltung, welche vor allem durch die alternde erste Nachkriegsgeneration geprägt ist, die auch in der zweiten Lebenshälfte aktive Verhaltensweisen aufzeigt. „Die zuerst bei jungen Erwachsenen festgestellten Prozesse von Individualisierung, Pluralisierung und Dynamisierung der Lebensvorstellun-

---

[19] AMANN 1983: 17

gen berühren und beeinflussen immer mehr auch die späteren Lebensphasen." (HÖPFLINGER 2009: 5) So hat sich der Lebensstil der 65 bis 74 Jährigen, aber teilweise auch der über 75 Jährigen seit den 1980er Jahren
hinsichtlich einer aktiveren Lebensgestaltung gewandelt, so dass Verhaltensweisen wie Sport, Sexualität und Lernen, welche klassisch den Lebensabschnitt junger Menschen prägen, immer häufiger als eine Determinante erfolgreichen Alterns definiert werden. Es lässt sich resümieren, dass
sich eine mentale Verjüngung des Alters etabliert hat, welche auf Verhaltensweisen und Wertorientierungen basiert, die nach klassischem Verständnis eher der jungen Generation zugeordnet wurden.[20]

Die Entberuflichung des Alters

Die Verjüngung des Alters spiegelt sich in anderer Form auf dem Arbeitsmarkt wider. So waren 2005 1,2 Mio. Personen in der Altersgruppe 50 Jahre und älter in Deutschland als arbeitslos registriert. Dieses entspricht ca.
einem Viertel aller Arbeitslosen. Hinzu kommen ca. 233.000 ältere Arbeitslose, die das 58. Lebensjahr vollendet hatten und Arbeitslosengeld bezogen, ohne jedoch als arbeitslos oder arbeitssuchend registriert zu sein. Die
Erwerbslosigkeit im fortgeschrittenen Alter ist fast gleichbedeutend mit einem endgültigen Ausscheiden aus dem Erwerbsleben. Dieses ist dadurch
begründet, dass sich aus betrieblicher Sicht eine kostenaufwendige Neu-
einstellung und betriebliche Einarbeitungs- und Qualifizierungsmaßnahmen
für ältere oft nicht lohnen, da der Nutzen aus diesen „Humankapitalinvesti-
tionen" meistens nur auf wenige Jahre beschränkt bleibt. Ebenfalls wies
2003 ein Großteil der Älteren, die sich arbeitslos meldeten, weitere Risikofaktoren auf, arbeitslos zu bleiben. So hatten 40% gesundheitliche Beeinträchtigungen und weitere 33% konnten keine Berufsausbildung aufweisen.
Gegenüber dem hohen Risiko, in der Arbeitslosigkeit zu verbleiben, ist das
Risiko der Älteren, arbeitslos zu werden, jedoch eher gering. Gründe hierfür
sind gesetzliche und tarifrechtliche Kündigungsschutzbestimmungen. Darüber hinaus besteht die Möglichkeit, aus einer Beschäftigung in Altersteil-
zeit, in einen Rentenbezug aufgrund vorzeitiger Minderung der Erwerbsfä-
higkeit oder in einen vorgezogenen Altersrentenbezug zu wechseln. Somit

---

[20] THIEME 2008: 235

sind häufig junge Rentner „versteckte" Arbeitslose, welche bei besserer Arbeitsmarktlage noch erwerbstätig wären. Die jüngsten arbeitsmarkt- und rentenpolitischen Reformen beenden diese Entlastungsstrategie jedoch, da der vorzeitige Rentenbezug erschwert wurde und die Altersgrenze für den Rentenbezug langfristig herauf gesetzt wurde.[21] Durch das vermehrt frühere Ausscheiden aus dem Berufsleben und der gestiegenen Lebenserwartung ergibt sich also „die Entberuflichung des Alters als Alterszeit ohne Berufstätigkeit" (TEWS 1993: 26).

Die Feminisierung und Singularisierung des Alters

Eine weitere Differenzierung des Strukturwandels des Alters betrifft die Ungleichverteilung der Geschlechter im höheren Alter. Diese basiert zum einem auf der höheren Lebenserwartung der Frauen und zum anderem noch auf den Folgen des zweiten Weltkrieges, deren direkten demographischen Folgen sich in den nächsten Jahrzehnten kompensieren werden.[22] Die vom biologischen Geschlecht abhängige Lebenserwartung, die vor allem seit dem Beginn der Industrialisierung zu einer höheren Lebenserwartung der Frauen geführt hat, bedingt also die Dominanz der Weiblichkeit im Alter. Dieses ist auch eine Folge der weitgehenden medizinischen Beherrschung tödlicher Komplikationen während oder nach einer Schwangerschaft. So liegt die durchschnittliche Lebenserwartung einer Frau zu Beginn des 21. Jahrhunderts in Deutschland bei 81 Jahren, während die durchschnittliche Lebenserwartung eines Mannes bei 75 Jahren liegt.[23] „Wir haben es mit einer *Feminisierung* des Alters zu tun, die umso deutlicher wird, je höher das Lebensalter steigt." (Thieme 2008: 235) Die Feminisierung des Alters führt somit zu einer deutlichen Überrepräsentierung der Frauen in den Angeboten der Altenhilfe. Durch die Konstellation der unterschiedlichen Lebenserwartungen, aber auch durch die Differenzierung der Lebensstile im Alter, welche zu einer Befreiung von tradierter sozialer Normierung führt und eine Individualisierung voraussetzt und begünstigt, ist die Singularisierung im Alter als eine typische Phase innerhalb der weiblichen Biographie

---

[21] NAEGELE u.a. 2008: 508
[22] TEWS 1993: 28
[23] THIEME 2008: 85

zu erkennen. So waren 1995 in Deutschland noch 55 Prozent der 80 jährigen Männer verheiratet, während es weniger als 10 Prozent der Frauen in dem gleichen Alter waren.[24] Aus diesem Alleinstehen der älteren Frauen resultieren häufig negative Konsequenzen für die Betroffenen, die durch weibliche Erwerbsbiographien bedingt sind. So können gerade die Frauen älterer Generationen durch eine Lebensgestaltung, welche sich an der klassischen Frauenrolle orientierte, häufig keine oder nur geringe selbst erworbene Rentenansprüche vorweisen, was wiederum zu der „Feminisierung der Altersarmut" (TEWS 199: 29) führt. Die Lebenslage älterer Frauen ist somit zum einem durch die lebenslange Rolle der Frau, aber auch durch im Alter neu erworbene Komplikationen (z.B. Krankheit/Behinderung, Singularisierung) geprägt.[25] Hinsichtlich einer Abhängigkeitsentstehung im Alter lässt sich also konstatieren, dass vor allem Frauen Risikofaktoren einer Suchtmittelentstehung aufzuweisen scheinen.

Zusammenfassend lässt sich hinsichtlich des Strukturwandels des Alter(n)s resümieren, dass es durch die demographische Entwicklung, durch die Entwicklung sozialer Normen im Zuge der zweiten Moderne und durch arbeitsmarktwirtschaftlichen Entwicklungen, neben einer mentalen Verjüngung des Alters, welche sich in einer aktiveren Lebensgestaltung der Lebensphase Alter widerspiegelt, ebenfalls zu einer Verlängerung dieser Lebensphase gekommen ist. Dies ist zum einem durch eine durchschnittliche Verlängerung der Lebenserwartung und zum anderem durch ein früheres Ausscheiden aus dem Berufsleben bedingt. Darüber hinaus lässt sich konstatieren, dass das hohe Alter aufgrund der höheren Lebenserwartung der Frau weiblich geprägt ist, was sich wiederum in Form einer Feminisierung der Altersarmut und einer Überrepräsentation des weiblichen Geschlechts in Institutionen der Altershilfe auswirkt. Diese Entwicklungen prägen nicht nur die Struktur des Alter(n)s, sondern ebenfalls die Erscheinungsformen von Suchterkrankungen im Alter, da das Risiko bestimmter Abhängigkeitserkrankung neben geschlechtsspezifischen Faktoren von einem mannigfaltigen Ursachengefüge der individuellen Lebenswelt beeinflusst wird. Daher müssen Faktoren der soziologisch- strukturellen Perspektive des Alters differenziert betrachtet werden, wenn Suchtmittelabhängigkeiten im Alter in

---

[24] BACKES 2001: 46 in THIEME 2008: 235
[25] TEWS 1993: 29

ihrer Entstehung analysiert werden sollen. Um zu einer soziologisch-strukturellen Perspektive des Strukturwandels des Alters zu gelangen, ist es sinnvoll, die Lebenslagentheorie zur Erfassung der Alterssituation zu berücksichtigen.

3. Lebenslagen im Alter

Die Lebenslagentheorie wurde bereits in 1920er Jahren von Otto Neurath begründet und von Gerhard Weisser hinsichtlich sozialpolitischer Diskussionszusammenhänge weiterentwickelt. Seit den 1980er Jahren ist der Begriff in die Debatte der Theorie und Praxis der Sozialen Arbeit eingebracht worden.[26] [27] Die Lebenslage bezeichnet die Gesamtheit der materiellen und immateriellen Bedingungen, über die ein Individuum oder eine Gruppe verfügt und die somit die Lebensbedingungen bestimmen. Zur Analyse der Lebenslage ist es notwendig, die diversen gesellschaftlichen, kulturellen und persönlichen Ressourcen zu erfassen und zu berücksichtigen. Eine genauere Differenzierung der Lebenslage lässt sich durch das Unterteilen „äußerer" Lebensbedingungen (gesellschaftlich, kulturell) und „innerer" Zustände, welche sich z.B. in kognitiven und emotionalen Deutungs- und Verarbeitungsmustern zeigen, erlangen. Weitere Faktoren bei der Betrachtung einer Lebenslage sind die zeitliche Dynamik der Lebenslage und die Differenzierung der objektiven Faktoren von der subjektiven Deutung der Situation des bzw. der Betroffenen.[28] *„Lebenslagen* sind die je historisch konkreten *Konstellationen* von *äußeren Lebensbedingungen*, die Menschen im Ablauf ihres Lebens vorfinden, sowie die mit diesen äußeren Bedingungen in *wechselseitiger Abhängigkeit* sich entwickelnden *kognitiven* und *emotionalen Deutungs- und Verarbeitungsmuster*, die diese Menschen hervorbringen."* (Amann 1983: 147) Die Lebenslage beschreibt somit die tatsächlichen und potentiellen Zugangs- und Verfügungschancen zu materiellen und immateriellen Ressourcen, welche die Möglichkeiten der Existenzgestaltung vorgeben. Im Folgenden sollen objektive Merkmale, welche die Lebenslage älterer Menschen prägen, und deren subjektiven Bewertung Berücksichtigung finden, da diese die Gesamtsituation der Lebenswelt älterer Menschen bezüglich eines Abhängigkeitsrisikos mitbestimmen können.

---

[26] MEIER-KRESSIG, HUSI /30.03.2010
[27] Vgl. AMANN 1983
[28] MEIER-KRESSIG, HUSI /30.03.2010

3.1 Die materielle Lebenslage im Alter

Die materielle Lebensgrundlage, welche die Voraussetzung des physischen Überlebens darstellt, ist in erster Linie durch die Verfügbarkeit über Nahrungsmittel, Kleidung und Wohnung bzw. Unterkunft bestimmt. Hier soll zum Erreichen eines differenzierten Überblickes der materiellen Lebenslage im Alter die Einkommens- und die Wohnsituation alter Menschen näher betrachtet werden, da in ihr mögliche Ressourcen oder Risiken hinsichtlich der Prädisposition zur Suchtmittelabhängigkeit bestehen können.

Einkommen und Vermögen

Der Zugang zu materiellen Ressourcen ist in der modernen Gesellschaft von der finanziellen Situation ihrer Mitglieder bestimmt. „Die Qualität von Lebenslagen ist deshalb wesentlich von der Höhe und der Regelmäßigkeit des Bezuges von Geld oder geldwerten Mitteln bestimmt." (Thieme 2008: 237) Dieser Bezug von finanziellen Mitteln kann aus Erwerbstätigkeit, Vermögen oder staatlichen Transferleistungen resultieren. Das in Deutschland praktizierte System der gesetzlich geregelten Alterssicherung sieht für Personen, welche alters- oder krankheitsbedingt aus dem Erwerbsleben ausgeschieden sind, staatliche Transferleistungen vor. Die Höhe dieser Transferleistungen basiert auf erwerbsbiographischen Faktoren. Neben der gesetzlichen Alterssicherung sind heute weitere Einnahmequellen im Alter verbreitet. Es bestehen neben Erträgen aus Privatvermögen und privaten Versicherungen häufig Immobilienbesitz und Vermögensanlagen.[29] So ist die Lebenslage in materieller Hinsicht im Alter durch biographische Faktoren, wie das Ausüben einer Berufstätigkeit, dem Heiratsverhalten oder dem Bilden finanzieller Rücklagen geprägt. „Die in der Bundesrepublik, aber auch in anderen Ländern charakteristische, veränderte Alterssituation ist – trotz nach wie vor bestehender Armut und sozialer Ungleichheit – durch *materielle Besserstellung* geprägt." (Tews 1993: 34) Dieses resultiert auch und vor allem aus häufig kontinuierlichen Arbeitsbiographien, welche auf der damaligen kollektiven Wohlstandszunahme basieren. Dennoch zeigen empirische Studien bedeutende Armutsgruppen bei westdeutschen Frauen,

---

[29] THIEME 2008: 238

die 85 Jahre und älter sind. Risikogruppen sind dabei vor allem geschiedene Frauen und Frauen, die bereits vor dem Eintritt in den Ruhestand niedrige Einkommen bezogen haben.[30] Es lässt sich resümieren, dass der Übergang vom Erwerbsleben in den Ruhestand in der Regel nicht von tiefen Einschnitten in dem materiellen Lebensstandard geprägt ist. Daraus resultiert wiederum die Wahrscheinlichkeit, zumindest in materieller Hinsicht, eine Kontinuität der Lebensführung aufrechtzuerhalten. Die Schichtung der Alterseinkommen ist jedoch als äußerst heterogen zu bezeichnen. So spiegelt sich die soziale Ungleichheit der Gesamtgesellschaft durch „stabile Ungleichheiten" (GEIßLER 2006: 78) im Einkommensbezug und somit schließlich auch in den Lebenslagen alter Menschen wider. Diese Unterschiedlichkeiten der materiellen Versorgung werden z.B. bei dem Vergleich zwischen den Einkommen der Pensionäre und denen der Sozialversicherungsrentner deutlich. So verfügten Pensionäre 1998 durchschnittlich über 4.090 DM, während die Gruppe der Sozialversicherungsrentner nur ein Einkommen von 2.590 DM aufweisen konnte.[31] Verstärkt werden diese Ungleichheiten durch die erwerbseinkommensabhängigen Spar- und Vermögenspotenziale.[32] Unter Berücksichtigung der arbeitsmarktwirtschaftlichen Entwicklungen, welche mit erhöhten Arbeitslosenquoten und somit mit häufiger werdenden lückenhaften Erwerbsbiographien einhergehen, ist in Zukunft mit einer Vergrößerung der sozialen Ungleichheit im Alter zu rechnen. Durch die Ungleichverteilung der materiellen Situation im Alter entwickelt sich ebenfalls eine soziale Ungleichheit bezüglich der materiellen Ressourcen im Alter, welche wiederum einen Faktor in der Entstehung von Sucht darstellen können. Neben alterstypischen Faktoren wird die Lebensphase Alter also durch biographische Faktoren geprägt.

Die Wohnsituation und ihre Bedeutung

Unter Berücksichtigung der statistischen Fakten zur Wohnsituation älterer Menschen lässt sich feststellen, dass die breite Mehrheit der älteren Bevölkerung in Deutschland in Privathaushalten lebt. So lebten 1995 95 Prozent

---

[30] MOTEL-KLINGEBIEL 2005 :44
[31] Bundesministerium, 2001: 72
[32] THIEME 2008: 243

22

der über 60 Jährigen in Privathaushalten. Jedoch steigt der Anteil der Unterbringung in stationäre Einrichtungen der Altershilfe mit zunehmendem
Alter rapide an. Der Anteil der Pflegebedürftigen beträgt bei den 80- 84
Jährigen 38,4 Prozent und bei den über 90 Jährigen bereits 84,5 Prozent.
Diese Zunahme der Pflegebedürftigkeit geht vermehrt mit Heimunterbringungen einher. So ist zwischen 2003 und 2005 der Anteil der in Heimen
gepflegten Menschen um 5,7 Prozent gestiegen.[33, 34] Dieser Trend gewinnt
unter Berücksichtigung der Determinanten des Wohlbefindens im Alter an
Relevanz, da die Wohnsituation im höheren Alter für das Individuum an
subjektiver Bedeutung zunimmt, was wiederum Rückschlüsse auf den
Suchtmittelgebrauch zulässt, wenn von einem kompensierungsmotivierten
Konsum ausgegangen wird. Aufgrund des Wegfalls arbeitsweltlicher Bezüge rückt die Wohnerfahrung in den Vordergrund der lebensweltlichen Erfahrungen. Dieses trifft verstärkt dann zu, wenn Tätigkeiten außerhalb des eigenen Haushaltes immobilitätsbedingt vermehrt abnehmen. Die Zufriedenheit mit der jeweiligen Wohnsituation ist bei älteren Menschen in der Regel
trotz objektiv vorhandener und auch subjektiv wahrgenommener Mängel
recht hoch. So gaben über 84 Prozent der befragten älteren Menschen in
Deutschland die Noten sehr gut oder gut hinsichtlich der eigenen Bewertung ihrer Wohnverhältnisse.[35] Diese Zufriedenheit lässt sich durch Gewöhnungs- und Anpassungseffekte an die gegebene Situation und durch
Prozesse des Bemühens der Aufrechterhaltung eines positiven Selbstbildes und der Anspruchsniveauregulierung erklären. Darüber hinaus sind
altersbedingte Wohnalternativen, wie z.B. die Heimunterbringung zu berücksichtigen, welche eine aktuelle defizitäre Wohnsituation relativieren.[36]
Neben dem Standard der Wohnung ist ebenfalls das Wohnumfeld für ein
altersgerechtes Wohnen zu berücksichtigen, welches wiederum zu Einschränkungen führen kann. Die Wohnsituation prägt die Lebenslage nicht
zuletzt durch die Erreichbarkeit infrastruktureller Einrichtungen, die Verbundenheit mit dem Umfeld und die soziale Integration und durch den Zustand
des unmittelbaren Wohnumfeldes. Auch anfallende Wohnkosten können in
Relation zu sinkendem Einkommen im Altersruhestand zu einer überdurch-

---

[33] THIEME 2008: 254
[34] Vgl. Statistisches Bundesamt 2005: 4
[35] MOTEL 2005: 146
[36] MOTEL 2005: 126

schnittlichen finanziellen Belastung führen.[37] Da objektive Faktoren dem Verbleib in der bisherigen Wohnung im Alter häufig eher zuwider laufen und ein Umzug in eine altersgerechtere Wohnung und/oder ein altersgerechteres Wohnumfeld die Gestaltung von Alltagsverrichtungen erleichtern würde, ist davon auszugehen, dass der subjektive Wert der Wohnung und ihres Umfeldes zentrale Faktoren in der Wohnentscheidung im Alter darstellen. Bei dieser Betrachtung ist zu berücksichtigen, dass der Wohnung, inklusive ihrer individuellen Gestaltung, und der Verbundenheit mit dem Wohnumfeld eine identitätsstiftende Funktion zukommt. „Menschen nehmen sich durch ihre Umgebung wahr und bilden so ihr Wissen über sich selbst." (MOTEL 2005: 148) Dieser identitätsstiftenden Funktion fällt im Alter vermehrt Gewicht zu, da sich der Aktivitätsradius und mit ihm der Lebensschwerpunkt vermehrt auf die eigene Wohnung fixiert. So verbringen nach eigenen Angaben 60 Prozent der 55- 69 Jährigen mindestens 20 Stunden pro Werktag zuhause. In der Altersgruppe der 70- 85 Jährigen erhöht sich dieser Prozentsatz auf 88 Prozent. Nur 1,3 Prozent der letzteren Altersgruppe verbringen weniger als 14 Stunden pro Werktag in ihrer Wohnung.[38] Neben der Verkleinerung des Aktivitätsradius können andere Lebenssituationen, wie die Einbindung in familiäre Aufgaben (z.B. Enkelkinderbetreuung) die Bedeutung der Wohnlage beeinflussen. Es bleibt also zu resümieren, dass der Wunsch zur Aufrechterhaltung der Wohnsituation häufig von subjektiven Faktoren abhängig ist und die Unterbringung in eine stationäre Einrichtung der Altershilfe einen Einschnitt in identitätsstiftende und -stützende Funktionen bedeuten kann, was wiederum Resignationsprozesse begünstigen kann und somit hinsichtlich der Suchtentstehung als problematisch zu erachten ist. Weitere Faktoren, welche auch auf die beschriebene Entscheidung des Wohnens im Alter Einfluss nehmen, finden sich in der immateriellen Lebenslage wieder.

---

[37] MOTEL 2005: 141
[38] BODE, DITMANN-KOHLI 1999 in KOHLI, KÜNEMUND 2005: 149

3.2 Die immaterielle Lebenslage im Alter

Um die Lebenslage alter Menschen in seiner Ganzheit zu erfassen, ist es notwendig, nicht nur die beschriebenen materiellen Defizite und Ressourcen zu berücksichtigen. So entsteht ein realitätsgetreuer Überblick über die Lebenslage erst unter der Miteinbeziehung der immateriellen Faktoren, welche sich in der Beschreibung der immateriellen Lebenslage wiederfinden. Um die Lebenslage alter Menschen deutlich zu machen, sollen hier die immateriellen Faktoren der Bildung, der Gesundheit und der sozialen Netzwerke erläutert werden.

Die Bildung und ihre Bedeutung

Im Unterschied zur vorherigen Lebensphasen der Jugend und des Erwerbslebens stehen im Alter eher informelle (soziale Gruppenzugehörigkeit, Alltagsbewältigung) und identitätsstiftende (spezifische Selbst- und Fremdtypisierung) Aspekte im Vordergrund der Lernmotivation. Das Lernen im Alter sowie das lebenslange Lernen führen zu einer Steigerung und Aufrechterhaltung kognitiver Fähigkeiten, welche mit einer höheren Selbständigkeit im Alter einhergehen und können daher ebenfalls als Ressource zur Aufrechterhaltung von Wohlbefinden und somit zur Suchtprävention gedeutet werden können. Hinsichtlich der Lebensgestaltung im Alter steht Bildung im Zusammenhang mit verbesserten Coping-Mechanismen, besserer Ernährung und vermehrter Kontrolle über das eigene Leben, was sich wiederum positiv auf die Lebenszufriedenheit, das Selbstvertrauen, auf die Fähigkeit, Belastungen zu bewältigen auswirkt. In diesen Faktoren bestehen auch präventive Ressourcen hinsichtlich der Entwicklung einer Suchtmittelabhängigkeit. Unter Berücksichtigung der Bildungsexpansion der letzten 50 Jahre, in denen das Erreichen eines höheren Bildungsniveaus häufiger, Ausbildungsprozesse länger und lebenslanges Lernen in Form von diversen Fortbildungen in der Erwerbsbiographie standardisiert auftreten, tritt eine Vertiefung von Bildungsungleichheit hinsichtlich einer benachteiligenden Entwicklung der alternden Bevölkerungsgruppe vermehrt in den Vordergrund. So verfügen z.B. in Österreich ca. zwei Drittel der über 65 Jährigen über einen Bildungsabschluss, der deutlich unter dem Durchschnitt der Bildungsabschlüsse der 15- 65 Jährigen liegt.[39] „Wenn immer weniger Menschen eine geringere und immer mehr Menschen eine höhere Schulbildung haben, verändert sich auch deren relative Position in der Bildungsverteilung." (SCHWARZ 2005b: 4 zit. in AMANN 2008: 200) Hieraus ergeben sich zum einem Gefahren der gesellschaftlichen Exklusion, da Bildung und Lernen vermehrt als eine zentrale Bedingung der gesellschaftlichen Statuszuweisung fungiert, zum anderem ist die Bildung in diesem Kontext als ein weiterer Indikator für soziale Ungleichheit im Alter zu verstehen, welcher sich nachhaltig auf die Qualität des Lebensstandards auswirkt. Es ist also weniger die geringe Bildung, welche problembehaftete Entwicklungen befürchten lässt, sondern vielmehr die soziale Spaltung, die sich aus ihr ergibt. In der Bildung besteht also ebenfalls ein Faktor, der hinsichtlich eines Abhängigkeitsrisikos präventiv, bei niedriger Bildung jedoch zu einem Risikofaktor werden kann, welcher durch eine mögliche gesellschaftliche Dynamik der Exklusion intensiviert werden kann. Auch in der Bildung stellt sich eine durch soziale Ungleichheit hervorgerufene Ungleichverteilung von Ressourcen hinsichtlich des Abhängigkeitsrisikos dar.

Der Gesundheitszustand und seine Bedeutung

Eine weitere Dimension der immateriellen Lebenslage wird durch den Gesundheitszustand dargestellt. Die WHO definierte 1946 Gesundheit als ein physisches, psychisches und soziales Wohlbefinden. Diese Definition scheint jedoch wenig differenziert. So lässt sich ein Zustand vollkommenen Wohlbefindens als utopisch bezeichnen, da die Aufrechterhaltung bzw. das Erreichen eines solchen Zustandes nur schwer über einen längeren Zeitraum möglich scheint. Darüber hinaus verfügt diese Definition über keine Übergangsstufen, welche Defizite in einem der genannten Bereiche von Krankheit abgrenzen würde und somit relativieren könnte.[40] Während eine genaue Begriffsdefinition der Gesundheit also undeutlich bleibt, lässt sich jedoch festhalten, dass die Aufrechterhaltung und die Entwicklung der Gesundheit mit steigendem Alter vermehrt von zentraler Bedeutung sind, da chronische Beschwerden mit zunehmendem Alter beginnen die Effizienz

---

[39] AMANN 2008: 200
[40] EICHENBERG /06.04.2010

physischer Funktion zu beeinträchtigen. Dieses kann mit unterschiedlicher Intensität eintreten.[41] Die Gesundheitssituation ist eine wesentliche Determinante der Lebensgestaltung, der Lebenszufriedenheit und der Planung der zukünftigen Lebensbedingungen. In der Bewertung des Gesundheitszustandes werden objektive Beeinträchtigungen und subjektives Empfinden differenziert betrachtet. So stellt sich gerade in der subjektiven Einschätzung des Gesundheitszustandes die Relativität des Begriffes der Gesundheit heraus.[42] Weiterhin wird die Gesundheitswahrnehmung durch die Art des Auftretens einer Erkrankung bestimmt. So können chronische Krankheiten latent bleiben, mit Funktionseinbußen einhergehen oder ihre Intensität durch persönliche Bewältigungsstrategien gemindert werden. Obwohl der objektive Gesundheitszustand und das subjektive Empfinden darüber mit zunehmendem Alter positiv von einander abzuweichen scheinen,[43] wird die gesundheitliche Lage in höheren Altersgruppen als zunehmend schlechter beurteilt. So bewerteten 38 Prozent der 70- 85 Jährigen ihren Gesundheitszustand als gut oder sehr gut, während dieser Anteil bei den 55- 69 Jährigen bei 49 Prozent und bei den 40- 54 Jährigen bei 70 Prozent lag. Jedoch erscheint es bemerkenswert, dass nur ein Fünftel der 70- 85 Jährigen ihren Gesundheitszustand als schlecht oder sehr schlecht bewerteten[44] Das Spektrum der im Alter vermehrt auftretenden Krankheiten ist durch chronisch verlaufende Krankheitsbilder und durch das gleichzeitige Bestehen mehrerer Krankheitsbilder, der Multimorbidität[45], geprägt.[46] Neben der Multimorbidität ist hier die Polypathie zu erwähnen, welche auch als „Mehrfachleiden" bezeichnet wird und die Notwendigkeit diverser Behandlungen benennt. Multimorbidität und Polypathie erschweren nicht nur das Leben der Betroffenen, sondern stellen ebenfalls eine Verkomplizierung der Diagnose- und Behandlungspläne dar. So kommt es in Folge der Multimorbidität und der Polypathie häufig zu einer Multimedikation[47], welche aufgrund möglicher Neben- und Wechselwirkungen sowie potenzieller Abhängigkeit problembehaftet sein kann. Es bleibt festzuhalten, dass chro-

---

[41] AMANN 1983: 207
[42] KÜNEMUND 2005: 105
[43] THIEME 2008: 185
[44] KÜNEMUND 2005: 110
[45] Multimorbidität besteht per Definition bei dem gleichzeitigen Vorhandensein mindestens fünf verschiedener Krankheiten.
[46] BACKES, CLEMENS 1998: 100
[47] Das parallele Einnehmen mehrerer Medikamente

nische Krankheitsverläufe im höherem Alter vermehrt in Erscheinung treten und schließlich zunehmend den Alltag alter Menschen hinsichtlich einer wachsenden Hilfe- und Pflegebedürftigkeit bestimmen, welche auf den, mit der Verschlechterung des objektiven Gesundheitszustandes einhergehenden, Funktions- und Ressourcenverlusten basieren. Die Entwicklung des wachsenden Hilfe- und Pflegebedarfes mit steigendem Alter spiegelt sich in folgender Statistik des Statistischen Bundesamtes wider, die besagt, dass die Anzahl der Pflegebedürftigen in Deutschland zwischen 1999 und 2007 von über zwei Millionen auf 2,13 Millionen gestiegen ist, wobei mehr als die Hälfte der Betroffenen über 80 Jahre und mehr als ein Drittel mindestens 85 Jahre alt waren.[48] Durch das vermehrte Auftreten chronischer Erkrankungen im Alter sowie durch den einhergehenden Medikamentengebrauch bestehen in der Determinante der Gesundheit mehrere Faktoren, welche die Entstehung einer Suchtmittelabhängigkeit fördern können. So können chronische Erkrankungen und eine Steigerung von Hilfe- und Pflegebedürftigkeit Gefühle der Resignation hervorrufen oder zu einem negativistischen Weltbild führen, da die Autonomie und die Selbstbestimmung hier verletzt werden, was den Gebrauch von Suchtmitteln zuträglich sein kann. Darüber hinaus besteht in der Multimedikation ein Risikofaktor der Entwicklung einer Medikamentenabhängigkeit. Der Gesundheitszustand ist somit von hoher Relevanz in der Entwicklung der Prädisposition zur Suchtmittelabhängigkeit im Alter. Die Zunahme der Hilfe- und Pflegebedürftigkeit, welche mit gesundheitlichen Einschränkungen einhergehen kann, führt zu einer Steigerung der Relevanz sozialer Netzwerke.

Soziale Beziehungen, Unterstützungsnetzwerke und ihre Bedeutung im Alter

Wie das Alter erlebt und bewertet wird, hängt primär von dem einzelnen Individuum ab. Dieses Individuum steht jedoch in ständiger wechselseitiger Beeinflussung mit seinem Familien- und Gesellschaftssystem. Die soziale Interaktion zwischen dem alten Menschen und seinem sozialen Umfeld ist durch die Suche nach dem Gleichgewicht zwischen Autonomie und Sicherheit geprägt. So besteht mit zunehmendem Alter vermehrt die Angst, das eigene Leben immer weniger aktiv beeinflussen zu können und das Leben

---

[48] Frankfurter Allgemeine Zeitung vom 21.03.2007 in THIEME 2008: 203

somit weitgehend nicht mehr nach eigenen Vorstellungen gestalten zu können. Das Bedürfnis der Autonomie impliziert, den Alltag weitgehend ohne fremde Hilfe zu bestreiten. Durch Einschränkungen in der funktionellen Unabhängigkeit, welche prozentual im hohen Lebensalter zunehmen, wird die Unterstützung im Alltag jedoch zu einem bestimmenden Faktor zur Befriedigung des Sicherheitsbedürfnisses. So definieren Parmelee und Lawton (1990) Sicherheit als den Zustand, in dem die Realisierung wichtiger Lebensziele durch notwendige Ressourcen der Umwelt gewährleistet wird.[49] Hinsichtlich der Realisierung der Erfordernisse zur Aufrechterhaltung der Sicherheit im Alter, durch die Versorgung physischer, sozialer und somit auch psychischer Bedürfnisse kommt den sozialen Netzwerken besondere Bedeutung zu, da soziale und generationale Beziehungen hinsichtlich der Hilfe- und Pflegebedürftigkeit unterstützende Wirkung haben. Diese familialen und sozialen Beziehungen gestalten sich im Alter abhängig von Familiengestalt und Ressourcen, außerfamiliale Kontakte zu erhalten.[50] Empirische Studien zeigen, dass die Rolle der Unterstützungsperson im Alter meistens dem/der (Ehe)Partner/in und/oder dem Kind zukommt.[51] Als wichtigster Faktor ist hier also die Familienstruktur zu nennen. Ein weiterer Faktor, welcher die Ressourcen sozialer Netzwerke bestimmt, ist neben der Größe und Erreichbarkeit des Freundes- und Bekanntenkreises die regionale Erreichbarkeit des alten Menschen. Während familiäre und verwandtschaftliche Beziehungen meist die Funktion der physisch belastenden Unterstützungsleistungen inne haben, resultieren aus dem Aufrechterhalten von Freundschaftsbeziehungen soziale Anerkennung, sowie eine Motivation und Möglichkeit zur Freizeitgestaltung und zu dem Austauschen von Gefühlen.[52] In der Beziehung zwischen der Eltern- und der Kindergeneration kommt es im hohen Alter zu einem Wandel der Rollenbeziehung, indem das Kind hier vermehrt die Rolle des Versorgers übernimmt. Rollenbeziehungen in anderen sozialen Kontakten bleiben jedoch häufig stabil, wobei sich im Alter eine quantitative Abnahme konstatieren lässt. In Anbetracht der Relevanz familiärer Strukturen für das soziale Netzwerk alter Menschen ist die bereits beschriebene Singularisierung des Alters, welche sich auch durch die Zunahme von Eingenerationen- und Einpersonenhaushalten aus-

---

[49] PERRIG-CHIELLO 1997: 98
[50] BACKES, CLEMENS 1998: 71
[51] KÜNEMUND, HOLLSTEIN 2005: 214
[52] BACKES, CLEMENS 1998: 72

drückt, als problembehaftet zu werten. Die Gefahr von sozialer Isolierung und Einsamkeit ist vor allem bei den Risikogruppen der Kinderlosen und der Heimbewohner gegeben, welchen vergleichsweise weniger soziale Kontakte erhalten bleiben. Es lässt sich resümieren, dass Alter nicht zwangsläufig mit sozialer Isolation einhergeht und soziale und generationale Beziehungen und Kontakte im Alter aufgrund der Dynamik der Veränderung und Entwicklung sozialer Kontakte bzw. ihrer vielfältigen Ausformung differenziert betrachtet werden müssen.[53] Hinsichtlich einer Abhängigkeitsentstehung bestehen sowohl in der vermehrten Übernahme von Alltags- und Pflegeverrichtungen durch andere Personen als auch andererseits in der vermehrten Singularisierung und der einhergehenden möglichen Einsamkeit Risikofaktoren. So besteht in der vermehrten Hilfsbedürftigkeit und Hilfeannahme eine Einschränkung der Autonomie des Betroffenen, was eine Suchtmittelabhängigkeitsentstehung begünstigen kann. Des Weiteren können Singularisierungstendenzen eine Abhängigkeitsentstehung durch eine einhergehende depressive Symptomatik und verringerte sozialer Kontrollfunktion fördern.

---

[53] BACKES, CLEMENS 1998: 72- 74

4. Zwischenfazit

Zunächst ist als positiv zu bemerken, dass eine Mehrheit der heutigen Alten gesundheitlich und finanziell nicht oder nur geringfügig eingeschränkt sind. Diese im zeitgeschichtlichen Vergleich verbesserten Ausgangsvoraussetzungen der „Jungen Alten" führen häufig zu einer aktiven Lebensgestaltung, welche soziale Eingliederung und Partizipation implizieren. Aus den zunehmenden Prozessen der Individualisierung und Pluralisierung der Lebensverhältnisse, welche nun verstärkt die Situation alter Menschen durch Verjüngung und Entberuflichung des Alters, Singularisierung, Feminisierung und dem Erreichen der Hochaltrigkeit prägen, ergibt sich jedoch auch für den alten Menschen vermehrt eine geringer werdende Orientierung und Sicherheit. So treten an die Stelle eines gesellschaftlichen Schutz- und Schonraumes der Altersphase Forderungen nach einem „erfolgreichen Altern", das auf individuellen Entscheidungen und aktiver Lebensführung basiert.[54] So orientieren sich idealisierte gesellschaftliche Alternsmodelle häufig an Leistung und selbstverantwortlichem Lebensstil. An die Stelle einer wachsenden Akzeptanz des Alters tritt also die Betonung der Möglichkeiten der Gestaltung des Alters als aktive und jugendähnliche Lebensphase. Biologische, psychische und soziale Alterungsprozesse verlaufen jedoch unterschiedlich, was zum Teil auch durch soziale Ungleichheiten innerhalb der Generation der alten Menschen bedingt ist. Daraus resultiert eine ausgeprägte Heterogenität des Alter(n)s. So gestaltet sich die Lebensphase Alter entsprechend bisheriger Lebenserfahrungen, was dazu führt, dass die jeweiligen betroffenen Individuen dem Alterungsprozess unterschiedlich begegnen und das Alter je nach familialen, beruflichen und sozialen Faktoren individuell geprägt ist. Hieraus erfolgt also eine Vertiefung sozialer Ungleichheiten im Alter. So kann sich ein negativ empfundenes Altern entwickeln, welches durch wachsende Orientierungslosigkeit in der Altersphase zu einer individuellen Notsituation erwächst. Gefühle von Wert- und Nutzlosigkeit sowie große Ängste vor dem Tod bzw. dem Sterben, aber auch vor Pflegebedürftigkeit, Einsamkeit oder körperlichen Erkrankungen, welche vor allem mit einem negativ geprägten Altersbild einhergehen, führen bei

---

[54] BACKES, AMRHEIN 2008: 74

dem betroffenen Menschen zu einer erhöhten Anfälligkeit angstlösende und schlaffördernde Medikamente oder Alkohol zu konsumieren. „Viele Menschen im Alter setzen sich mit nachlassender geistiger Spannkraft, mit zunehmender Mobilitätseinschränkung und mit dem Thema <<Tod>> alleine auseinander, ambulante und stationäre Therapieangebote werden bisher selten genutzt." (LEHERR 2009: 14) Eine zunehmende defizitäre Selbstwahrnehmung bedingt schließlich Identitäts- und Selbstwertkrisen, welche bei dem älteren Menschen häufig schamhaft besetzt sind und denen u. U. auch mit Medikamenten und/oder Alkohol begegnet werden.[55] Durch die vermehrte Singularisierung des Alters bleiben Suchtproblematiken häufig unentdeckt. Durch den beschriebenen Strukturwandel zeigt sich auf der einen Seite eine erhöhte Dynamik des dritten Lebensalters, während das vierte Lebensalter bzw. die Hochaltrigkeit aufgrund der, als negativ empfundenen degenerativen Entwicklungen vermehrt zu der Lebensphase wird, in der sich die negativen Defizitvorstellungen des Alters fixieren. So besteht bei den alten Menschen, welche genetisch, krankheits- oder suchtbedingt stärker altern und sich ebenfalls subjektiv alt fühlen, die Gefahr der Resignation hinsichtlich der Entwicklung des Alterns. Dieses kann im Rentenalter ein resigniertes Suchtverhalten fördern.[56] Mit welcher Intensität die individuelle Situation des Menschen Im Alter das Rlslko der Suchtgefährdung beeinflusst, wird an einer Statistik von Uchtenhagen (2004) deutlich, welche besagt, dass bei 81 Prozent der älteren Menschen ungünstige Lebensereignisse der Suchtentwicklung voraus gehen, während sich dieser Anteil bei jüngeren Menschen auf 40 Prozent beläuft.[57] Der häufigere Griff zu Genuss- und Suchtmitteln ist somit auch im Kontext der Aufrechterhaltung des subjektiven Wohlbefindens bei defizitärer objektiver Lebenslage zu sehen.[58] Bevor in dieser Arbeit auf die altersspezifischen Formen und Ausprägungen von Sucht, ihre genauen Ursachen und Vorkommen eingegangen wird, soll hier zunächst der Suchtbegriff differenziert erläutert werden, um das Themengebiet der Sucht in seiner Ganzheit und Komplexität übersichtlich zu verdeutlichen.

---

[55] RUHWINKEL 2009: 18
[56] HÖPFLINGER 2009: 8
[57] RUHWINKEL 2009: 18
[58] LEHERR 2009: 14

5. Definition und Differenzierung der Sucht

Die Weltgesundheitsorganisation definierte Sucht 1957 als einen Zustand periodischer oder chronischer Vergiftung, der durch den wiederholten Gebrauch von natürlichen oder synthetischen Substanzen hervorgerufen wird und durch die Kriterien des unbezwingbaren Verlangens der Beschaffung und der Einnahme des Mittels (Abstinenzunfähigkeit), der Tendenz zur Dosissteigerung (Toleranzsteigerung), der psychischen oder auch physischen Abhängigkeit von der Wirkung der Substanz und der Schädlichkeit für den Betroffenen selbst oder für andere, bestimmt wird.[59] Physische Abhängigkeit liegt vor, wenn durch den plötzlichen Abbruch des Konsums körperliche Symptome wie z.B. Blutdruck- und Pulserhöhung auftreten. Die psychische Abhängigkeit bezeichnet das unstillbare Verlangen, einen Suchtstoff zu konsumieren, auch wenn keine Anzeichen physischer Abhängigkeit bestehen. Beide Aspekte sind bei einer Suchtentwicklung als relevant zu erachten, wobei die psychische Abhängigkeit wesentlich länger als die physische Abhängigkeit besteht und ein Hauptfaktor hoher Rückfallquoten darstellt.[60] Außerdem gilt es neben der substanzbezogenen Abhängigkeit die „nicht-substanzgebundenen" Süchte zu berücksichtigen. So können auch Verhaltensweisen krankhaft entgleisen und zu zwanghaften Tätigkeiten werden. Es lassen sich also sowohl die substanzgebundene und die „nicht-substanzgebundene" Sucht, als auch die psychische und physische Sucht differenzieren.[61] Als ein spezifischer Anhaltspunkt für das Bestehen einer Sucht lässt sich neben der bereits in der Definition der WHO erwähnten Abstinenzunfähigkeit der Kontrollverlust hinsichtlich einer Dosissteigerung nennen. Kontrollverlust besteht, wenn der innere Zwang zur Durchführung des Konsums oder einer Handlung nicht mehr durch Selbstkontrolle zu beherrschen ist.[62] Neben der Darstellung dieser Kriterien ist die Sucht hinsichtlich ihrer Klassifikation als Symptom oder als eigenständige Krankheit zu untersuchen. So ist zu konstatieren, dass die Sucht immer ein Symptom

---

[59] Deutsche Hauptstelle für Suchtfragen/14.04.2010
[60] HAVEMANN- REINECKE, VON RAISON 1998: 106
[61] MEIXNER, OBERLEHNER /14.04.2010
[62] LOVISCACH 1996: 35

einer komplexen somatopsychischen oder psychosomatischen Gefügestörung darstellt, jedoch ebenfalls als eigenes Krankheitsbild zu betrachten ist, da ihre Interpretation als Symptom implizieren würde, dass die Aufhebung der Suchtursachen gleichzeitig die Aufhebung der Sucht bedeuten würde. Da eine Sucht jedoch eine eigenständige Dynamik entfaltet, welche auch unter der Bedingung der Ausschaltung potenzieller suchtbegünstigender Faktoren auftreten oder erneut auftreten kann, ist die Sucht primär als eine eigenständige Störung und nur sekundär als ein Symptom zu sehen.[63]

Zur objektiven Diagnostik einer substanzbezogenen Suchtmittelabhängigkeit lassen sich die international anerkannten Kriterien des ICD-10 (International Classification of Diseases) berücksichtigen, welche besagen, dass die Diagnose einer Drogen-, Alkohol- oder Medikamentenabhängigkeit nur zu stellen ist, wenn mindestens drei der folgenden Kriterien erfüllt sind:

1. starker Drang oder eine Art innerer Zwang, psychoaktive Substanzen oder Alkohol zu konsumieren,

2. verminderte Kontrollfähigkeit hinsichtlich des Beginns, der Beendigung und der Menge des Substanz- bzw. Alkoholkonsums,

3. der Konsum zielt auf eine Milderung von Entzugssymptomen und der entsprechenden positiven Erfahrung ab,

4. körperliches Entzugssyndrom durch die Beendigung oder Einschränkung des Konsums,

5. Nachweis einer Toleranzentwicklung (Gewöhnung an höhere Dosen),

6. fortschreitender Rückgang anderer Vergnügungen oder Interessen zugunsten des Konsums sowie erhöhter Zeitaufwand zur Regeneration der Folgen des Konsums,

7. anhaltender Konsum trotz eindeutiger schädlicher Folgen (psychisch, physisch und/oder sozial),

8. Ein eingeengtes Verhaltensmuster im Umgang mit der Substanz.[64, 65]

---

[63] KÜFNER 2000: 8
[64] DILLING, MOMBOUR, SCHMIDT 1993 in KUNTZ 2000, 186
[65] Vgl. WATZL, ROCKSTROH 1997: 13

5.1 Hintergründe zur Entwicklung von Sucht

5.1.1 Stadien des Substanzgebrauchs

Auch unter Berücksichtigung der beschriebenen objektiven Kriterien besteht häufig eine Unsicherheit über das Stadium, welches die Suchtentwicklung bei einem Individuum bereits erreicht hat. Eine solche Einteilung erscheint zur Einschätzung einer adäquaten Intervention in suchtkontaminierten Arbeitsfeldern jedoch sinnvoll. Eine mögliche Einteilung einer stoffgebundenen Suchtentwicklung besteht in der Differenzierung des Erstgebrauchs bzw. des Einstieges, dem wiederholten Gebrauch bzw. dem Konsum, dem regelmäßigen Gebrauch bzw. der Gewöhnung und dem unkontrollierten Gebrauch bzw. der süchtigen Abhängigkeit. Bei dieser Einteilung kommt dem Stadium der Gewöhnung besondere Bedeutung zu, da es eine entscheidenden Zwischenschritt zu der Entwicklung von Sucht darstellt. Das Stadium der Gewöhnung kann hinsichtlich seiner Dauer individuell stark ausgeprägt sein. So stellt die Gewöhnung manchmal nur einen zeitlich kurzen Zwischenschritt zwischen dem wiederholten Gebrauch und dem unkontrollierten Gebrauch dar, während sich dieses Stadium für andere eventuell über mehrere Jahrzehnte erstreckt.[66] Jedoch sind die Übergänge zwischen der Gewohnheitsbildung und der Sucht häufig als fließend zu bezeichnen. Um die Differenz zwischen diesen beiden Stadien zu verdeutlichen, sollen hier ihre charakteristischen Kennzeichen beschrieben werden. So ist das Stadium der Gewohnheit vor allem durch die regelmäßige Einnahme einer Substanz bestimmt, welche zur Erreichung euphorischer Zustände dienen soll. Sowohl psychische, als auch physische Abhängigkeit tritt in diesem Stadium der Suchtentwicklung noch nicht auf, ihre Entwicklung wird jedoch begünstigt. Auch der Drang nach einer Dosissteigerung durch eine Toleranzsteigerung ist hier unspezifisch. Die Faktoren der psychischen und/oder physischen Abhängigkeit und der Toleranzerhöhung kennzeichnen das Stadium der Sucht.[67] In einer rein graduellen Bestimmung der Entwicklung einer Sucht scheinen häufig verwendete begriffliche Einteilungen wie „Genuss" oder „Missbrauch" nicht adäquat, da sie eine Bewertung des Konsums implizieren, somit nicht objektiv erscheinen

---

[66] KUNTZ 2000: 188
[67] Deutsche Hauptstelle für Suchtfragen 1996: 34 in LAIS 1997: 25

und bereits einen Bestimmungszweck des Konsums beinhalten. Zudem besteht der Missbrauch per Definition bereits, wenn eine Substanz zur Manipulierung emotionaler Befindlichkeit eingesetzt wird, was auch in den frühen Stadien, in denen noch keine süchtige Abhängigkeit vorliegt, häufig vorliegen dürfte.[68] Um die Entwicklung einer Suchtproblematik in seiner Entstehung vollständig nachzuvollziehen, sollen hier Theorien hinsichtlich des Suchtverhaltens verdeutlicht werden.

5.1.2 Erklärung von Suchtverhalten im Alter

Für die Psychogenese von Sucht bestehen zahlreiche Theorien und Erklärungsansätze, welche sich auf kulturelle, soziologische, sozialpsychologische, lernpsychologische, triebpsychologische und ähnliche Ansätze zur Erklärung von Sucht stützen. Um die Sucht in ihrer Gesamtheit zu begreifen, müssen die erwähnten Ansätze als Teilaspekte betrachtet werden, wobei keiner dieser Aspekte Allgemeingültigkeit erlangt oder als falsch zu werten wäre.[69] Psychoanalytische Theorien gingen lange von der Ursache der Disposition zur Sucht in der frühsten Lebensgeschichte eines Menschen aus. Diese Annahme muss jedoch zugunsten eines lebenslangen Ursachengefüges relativiert werden. So kann die Ursache, welche ein Suchtverhalten bzw. eine Disposition zum Suchtverhalten bewirkt, auch in späteren Lebensphasen liegen. „Zu jedem Zeitpunkt im Leben kann unter den entsprechenden Voraussetzungen ein Selbst-Empfindungsbereich derart durch spezifische Lebensthemen beansprucht werden, dass seine Funktionsfähigkeit leidet. Die Zuflucht zu Suchtverhalten kann eine Folge sein." (KUNTZ 2000: 93) Auch führen (früh)kindlich erworbene Prädispositionen zur Sucht nicht unmittelbar zu Suchtverhalten im weiteren Lebensverlauf. Um Drogenmissbrauch oder Suchtverhalten auszulösen, müssen in kritischen Lebenslagen weitere Auslösefaktoren hinzukommen.[70] Es lässt sich also resümieren, dass auch die Sucht im Alter sowohl von lebensgeschichtlichen Aspekten im Sinne der Entwicklungsbewältigung als auch von altersspezifischen Defiziten innerhalb der individuellen Lebenslage begründet ist. Hin-

---

[68] KUNTZ 2000: 190
[69] KUNTZ 2000: 17
[70] KUNTZ 2000: 93

sichtlich der lebensgeschichtlichen Aspekte lässt sich konstatieren, dass jedes Individuum von Geburt an nach Selbstverwirklichung, bereichernden Beziehungen und Glück strebt, wobei eine primäre Fähigkeit für das Empfinden von Glück nur unter einer Entwicklung innerhalb bestimmter Toleranzgrenzen unversehrt erfolgen kann. Die frühste Lebensgeschichte nimmt hinsichtlich der Prädisposition für Suchtverhalten eine entscheidende Rolle ein, indem in dieser Lebensphase die Basis für die spätere existenzielle Befindlichkeit bzw. für Glücksfähigkeit oder den Verlust des primären Glücksempfindens entwickelt wird.[71] Mögliche Entstehungspunkte seelischer Krankheiten können jedoch auch in späteren Lebensphasen liegen. „Eine Theorie der frühen Lebensjahre ist unverzichtbar. Hier wird das Fundament der Persönlichkeit gelegt, wenngleich ihr Innenausbau damit noch lange nicht fertig gestellt ist. Eine Fixierung auf die frühe Kindheit, mit der wir alle weiteren Lebenswendungen erklären wollen, reicht folglich nicht aus. Suchtverhalten und Drogenabhängigkeit führen uns auf direktem Wege in andere Lebensphasen [...]. (KUNTZ 2000: 79) Es zeigt sich, dass hinsichtlich der Disposition von Suchtverhalten der Entwicklung der Persönlichkeit bzw. der „Selbst-Entwicklung" eine zentrale Bedeutung zukommt. In dieser Entwicklung bildet ein Individuum diverse Selbstempfindungsbereiche aus, welche sowohl seinen inneren Kern als auch seine soziale Bezogenheit prägen. Diese Selbstempfindungsbereiche, welche aus der Kohärenz, der Urheberschaft und Wirksamkeit und der Affektivität und Kontinuität bestehen, bleiben über das gesamte Leben aktiv, wobei sie unterschiedliche Entwicklungsverläufe nehmen können. Prägende menschliche Grundthemen wie z.B. Vertrauen, Bindung, Autonomie und Abhängigkeit sind gleichfalls von lebenslanger Bedeutung. Durch altersspezifische Entwicklungen der Lebenslage wird das Individuum mit wachsendem Alter vor neue Entwicklungsaufgaben gestellt. Kommt es in der Auseinandersetzung mit den jeweiligen neuen Anforderungen zu einer unangemessenen Bearbeitung der menschlichen Grundthemen, kann abweichendes Verhalten, wie z.B. suchtspezifisches Verhalten, eine Folge der unbefriedigenden Lebenssituation darstellen. In der Lebenssituation alter Menschen scheinen diverse Risikofaktoren hinsichtlich einer befriedigenden Auseinandersetzung mit altersspezifischen Entwicklungsaufgaben zu bestehen, da hier die Selbstempfindung von Urheberschaft und Wirksamkeit sowie das Vertrauen in die

---

[71] KUNTZ 2000: 45

Wirksamkeit der eigenen Willensbekundungen und die Wirksamkeit des eigenen Handelns hinsichtlich einer zunehmenden Bedrohung der Selbständigkeit durch Pflegebedürftigkeit, in Frage gestellt werden.[72] Neben der Gefahr der Pflegebedürftigkeit oder der Pflegebedürftigkeit selbst birgt die Lebensphase des hohen Alters weitere herausragende Themen, deren erfolgreiche Bewältigung eine Herausforderung für das Individuum darstellt. So ist dieser Lebensabschnitt durch Verluste, Trennung und Abschied von geliebten Menschen und identifikationsstiftenden Fähigkeiten geprägt. Der zunehmende Verlust von Selbständigkeit geht schließlich mit wachsenden Anforderungen an die Anpassungsfähigkeit des alten Menschen einher. Darüber hinaus ist der Lebensabend neben den diversen Einschränkungen und schmerzhaften Verlusten häufig durch Angst geprägt. Diese Angst kann sich sowohl auf die Auseinandersetzung mit dem Sterben und dem Tod als auch auf die Angst vor materiellen, sozialen, gesundheitlichen oder kognitiven Verlusten beziehen. Der Konsum von Suchtmitteln kann somit durch die altersspezifischen Entwicklungsaufgaben und Anpassungserfordernisse begünstigt werden, da sie für den Betroffenen eine kurzfristige Erleichterung in einer belastenden Situation darstellen können.

5.2 Zwischenfazit

Bei der Betrachtung der Definition der Sucht und der Hintergründe der Suchtentwicklung zeigt sich, dass die Sucht aufgrund ihrer Eigendynamik eine eigenständige Störungseinheit darstellt, welche sich durch objektiv bestimmbare Kriterien festlegen lässt, als auch die Diskrepanz zwischen dem Versuch analysierender Erklärungsansätze und dem Anspruch, die Entwicklung einer Sucht in all ihren Facetten zu verdeutlichen. Es lässt sich jedoch festhalten, dass objektive Bestimmungsfaktoren in Verbindung mit einer Kategorisierung nach dem beschriebenen Suchtstufenmodell der Analyse des dynamischen Entwicklungsgeschehens am ehesten gerecht zu werden scheinen. Erklärende Bestimmungsfaktoren verdeutlichen jedoch nicht ursächliche Hintergründe, welche einen Suchtentwicklungsprozess bedingen. Zur Erfassung dieser Hintergründe müssen individuelle Lebenslagen hinsichtlich einer adäquaten Befriedigung prägender emotionaler

---

[72] KUNTZ 2000: 91

38

Grundbedürfnisse in der jeweiligen Lebensphase des Individuums Berücksichtigung finden, da die Entwicklung von Suchtverhalten durch Kompensierung oder Verdrängung bedingt sein kann. In Anbetracht dieser Sichtweise kommt der Frage der Sinngebung des Lebens eine zentrale Bedeutung im Kontext der Suchtentwicklung zu. So berichtet Röhr aus seiner psychotherapeutischen Arbeit mit Suchtmittelabhängigen von dem erhöhten Rückfallrisiko abstinenter Klienten, nachdem sie ihr Ziel, ein neues abstinentes Leben aufzubauen, erreicht haben, da zu diesem Zeitpunkt eine plötzliche Sinnlosigkeit in ihr Leben tritt.[73] „Wenn die gesteckten Ziele dann erreicht wurden, erleben viele plötzlich Leere, Langeweile, Sinnlosigkeit. Wer auf ein Ziel zusteuert, erlebt dies als sinnvoll; kein Ziel mehr zu haben ist dagegen belastend und führt zu Unzufriedenheit, Unbehagen, Stimmungsschwankungen und Unlust." (RÖHR 2008: 49) Je mehr das eigene Leben als ziel- oder sinnlos empfunden wird, desto größer wird die Anfälligkeit für künstlich geschaffene Welten. Der Bereich des Suchtmittelkonsums stellt eine Möglichkeit einer solchen Realitätsflucht dar.[74] „Wir suchen intuitiv diese Tiefe und Fülle des Gewahrseins, die unser angeborenes Recht ist, und wenn wir sie nicht finden, suchen wir unsere Reize in der Umwelt oder im Drogengebrauch." (KUNTZ 2000: 44) Während sich das Fehlen von Sinnhaftigkeit und innerer Ruhe und Tiefe, welches sich durch eine Suche nach immer neuen äußeren Anreizen widerspiegelt, wohl in sämtlichen Bevölkerungsgruppen finden lässt, stellt die Lebensphase des Alters hinsichtlich einer Sinngebung der Existenz eine besondere Phase im Leben eines Menschen dar. So klammern gesellschaftliche Vorstellungen von Hochaltrigkeit eine positive Sinngebung weitestgehend aus, während sich der alte Mensch häufig vermehrt von sinngebenden Faktoren trennen muss. Diese Entwicklungen begünstigen die Suchtentstehung im Alter. Um das tatsächliche Ausmaß und die Erscheinungsformen von Sucht im Alter objektiv zu verdeutlichen, soll in dem folgenden Kapitel das Auftreten der Sucht im Alter hinsichtlich der häufigsten Suchtmittel und der Epidemiologie des Suchtvorkommens innerhalb dieser Altersgruppe verdeutlicht werden.

---

[73] RÖHR 2008: 49
[74] KUNTZ 2000: 42

6. Suchtmittel und Abhängigkeiten im Alter

Bei der Differenzierung des Suchtmittelkonsums nach Altersgruppen, ist es zunächst auffällig, dass der Höhepunkt des Gebrauchs illegaler Drogen gegen Ende der Adoleszenz im Alter von ca. 24 Jahren erreicht ist. Im Suchtmittelkonsum Erwachsener haben sich hingegen legale Suchtmittel wie Alkohol, Nikotin und Medikamente etablieren können.[75] Bei der Betrachtung von Suchtmitteln in der Lebensphase alter Menschen stehen also legale Drogen im Vordergrund. Im folgendem sollen Medikamenten- und Alkoholabhängigkeit im Alter ausführlich behandelt werden. Neben diesen substanzbezogenen Süchten soll die Co-Abhängigkeit im Kontext der Lebensphase des Alters Berücksichtigung finden, welche eine durch Abhängigkeit gekennzeichnete Beziehung zu einem suchtkranken Menschen bezeichnet, welche durch den Zwang zum Helfen und der Unfähigkeit, destruktives Hilfsverhalten einzustellen, geprägt ist. Abschließend gibt dieses Kapitel Aufschluss über die Epidemiologie der Suchtvorkommen im Alter, wobei alte Menschen in Privathaushalten und in stationären Aufenthalt differenziert betrachtet werden sollen, um zu Rückschlüssen für die Soziale Arbeit zu gelangen.

6.1 Medikamente

Die Häufigkeit von Medikamentenmissbrauch und -abhängigkeit ist in Deutschland nach Schätzungen der DHS ähnlich weit verbreitet wie die von Alkohol. Jedoch sind sich die Betroffenen ihrer eigenen Missbrauchs- oder Suchtproblematik häufig nicht bewusst, da eine klare Abgrenzung zwischen Gebrauch, Missbrauch und Abhängigkeit hinsichtlich einer medizinisch therapeutischen Verordnung schwer fällt. So wird der Konsum von Arzneimitteln zumeist im Sinne der Gesundheitsförderung verstanden.[76] Der Missbrauch, welcher per Definition besteht, wenn keine medizinische Notwendigkeit zur Einnahme besteht und im Vordergrund das Bedürfnis nach posi-

---

[75] KUNTZ 2000: 87
[76] KOEPPE 2010: 215

tiver Befindlichkeitsregulierung steht, kann durch eine nicht fachgerechte Versorgung oder durch unsachgemäße Selbstmedikation im Bereich der Medikamente schnell entstehen. Ein regelmäßiger Missbrauch bestimmter Medikamente, wie Schlaf- und Beruhigungsmittel aus der Gruppe der Benzodiazepine[77], führt mit hoher Wahrscheinlichkeit zu einer Abhängigkeit.[78] Diese Medikamente führen bei einer langfristigen regelmäßigen Einnahme nachweislich zu erheblichen Neben- und Folgewirkungen. Dieses gilt vor allem für die Risikogruppe älterer Menschen, da die Alterung des Gehirns mit einer wachsenden Empfindlichkeit hinsichtlich der Nebenwirkungsrate von Suchtmitteln einhergeht.[79]

Statistik

Unter den 1,9 Mio. Menschen, welche in Deutschland als medikamentenabhängig gelten, ist mit einem überproportional großen Anteil der über 60 Jährigen zu rechnen. In einer psychiatrischen Klinik wurde bei 5,8 Prozent der älteren Patienten ein Benzodiazepinmissbrauch diagnostiziert.[80] Nach Angaben der DHS weisen zwischen 8 und 13 Prozent der über 60 Jährigen einen problematischen Gebrauch psychoaktiver Medikamente auf oder sind als medikamentenabhängig zu bezeichnen, was in absoluten Zahlen zwischen 1,7 und 2,8 Mio. Menschen in Deutschland betrifft.[81] Eine Studie von Mechaniker et al. (1992) besagt, dass Psychopharmaka[82] und Hypnotika/Sedativa[83] ca. drei Viertel aller verschriebenen Medikamente mit Abhängigkeitspotenzial darstellen. Weiterhin besagt diese Studie, dass Medikamente mit Abhängigkeitspotenzial zu 64,3 Prozent Frauen und älteren Menschen (Durchschnittsalter 66,4 Jahre) verschrieben werden.[84]

---

[77] Benzodiazepine: sedativ und anxiolytisch (angst- und spannungslösend) wirkende Arzneistoffe
[78] GLAESKE 1992: 12
[79] RUHWINKEL 2009: 18
[80] RUHWINKEL 2009: 18
[81] KOEPPE 2010: 218
[82] Psychopharmaka: Sammelbegriff für chemisch verschiedenartige Arzneimittel, die Aktivität des Zentralnervensystems und psychische Funktionen beeinflussen
[83] Sedativa: Beruhigungsmittel Hypnotika: Schlafmittel
[84] WEYERER, SCHÄUFELE 2000: 235-236

Ursachen

Hinsichtlich dieser Statistiken zur Verschreibungspraxis suchterzeugender Medikamente lässt sich ein häufig iatrogener[85] Faktor im Bezug auf eine Suchtentwicklung erahnen, da der Beginn und die Dosierung der Medikamente zumeist unter ärztlicher Anordnung erfolgt. Hier sind eventuelle unangemessene Verschreibungen suchterzeugender Medikamente aufgrund negativistischer Altersbilder zu hinterfragen. Neben diesen problembehafteten Faktoren muss jedoch ebenfalls erwähnt werden, dass mit dem höheren Lebensalter die Notwendigkeit medizinischer Behandlung steigt. So können Medikamente im Alter sowohl eine Problemlösung als auch ein eigenständiges Problem darstellen. Es ist bei der Verordnung von Medikamenten mit Abhängigkeitspotenzial der Nutzen der Wirkung des Arzneimittels zu hinterfragen, wenn etwa medikamentös behandelte Schlafstörungen auf biologisch bedingten Veränderungen der Schlafmuster mit kürzeren Schlafphasen basieren. Eine Ursache für die erhöhte Disposition zur Abhängigkeit in der weiblichen älteren Bevölkerung besteht nach Glaeske in dem vermehrten Auftreten depressiver Symptomatik, welche häufig im Alter zwischen 50 und 55 Jahren mit der Menopause und dem „Empty-Nest Syndrom" einhergehen. So bestünde in der ärztlichen Verschreibung bestimmter Arzneimittel, welche auf der Beschreibung, depressiver Symptome basiert, häufig der Beginn einer längeren „Arzneimittelgeschichte", welche zu Medikamentenabhängigkeit führen kann.[86] Drüber hinaus ist die weitgehende gesellschaftliche Akzeptanz des Medikamentengebrauchs als ein begünstigender Faktor zur Medikamentenabhängigkeitsentstehung zu betrachten.

Risiko des Missbrauchs

Die Wahrscheinlichkeit der falschen Dosierung von Medikamenten ist in Anbetracht der Statistiken der DHS als hoch zu betrachten. So werden den über 65 Jährigen zu ca. 40 Prozent mindestens acht Wirkstoffe zugleich verordnet, während ein Fünftel dieser Altersgruppe mindestens 13 ver-

---

[85] iatrogen: durch medizinische Behandlung ausgelöst
[86] WEBER /03.05.2010

schiedene Wirkstoffe regelmäßig einnimmt. Dieses Medikationsverhalten erhöht zudem die Wahrscheinlichkeit von unkalkulierbaren Wechselwirkungen.[87] So besteht neben dem Suchtpotenzial einzelner Medikamente ein Risiko in der Kombination diverser Medikamente, da gerade bei älteren allein lebenden Menschen keine ausreichende Compliance[88] gewährleistet ist, was z.B. zu einer Über- oder Unterdosierung der Wirkstoffe führen kann.[89] Es lässt sich zwar ein Rückgang der Verordnungen der erwähnten Medikamente konstatieren, der Anteil der auf Privatrezept verordneten suchterzeugenden Mittel steigt jedoch kontinuierlich an. Obwohl Benzodiazepine und ähnlich wirkende Mittel bereits in geringen Dosen und nach kurzem Einnahmezeltraum zu Suchterscheinungen führen können, werden sie oft wesentlich länger als empfohlen verschrieben, so dass laut dem Deutschen Ärzteblatt bei geschätzten 7 Prozent der betroffenen Patienten eine Abhängigkeitsentstehung wahrscheinlich ist. Schätzungen gehen bei etwa 90 Prozent der über 70 Jährigen, mit Benzodiazepin behandelten Patienten von einer Dauermedikation (min. sechs Monate) aus. So basiert die Verordnung dieser Medikamente eventuell zum Teil nicht auf akuter medizinischer Notwendigkeit sondern auf der Vermeidung von Entzugserscheinungen.[90] „Benzodiazepine sind wie der Deckel auf einem Topf, wenn man den Deckel wegnimmt, kommt alles raus, was man durch die Medikamente unterdrücken wollte." (NIELSEN 2006 in PRO ALTER 1/06 KURATORIUM DEUTSCHE ALTERSHILFE)

Symptome

Mögliche Alarmzeichen, welche auf eine Abhängigkeitsproblematik hinweisen können, sind z.B. unsicheres Laufen, vermehrte Stürze, Appetitstörungen, Gewichtsabnahme, Aggressivität, Vernachlässigung des äußeren Erscheinungsbildes, Händezittern, Schwitzen, sozialer Rückzug, sowie Gedächtnisstörungen und Verwirrtheit.[91] Aufgrund sozialer Isolation oder der Annahme, psychische und körperliche degenerative Prozesse seien nicht

---

[87] KOEPPE 2010: 218- 219
[88] Compliance: das konsequente Befolgen ärztlicher Ratschläge durch den Patienten
[89] HÖPFLINGER 2009: 7
[90] KOEPPE 2010: 217
[91] RUHWINKEL 2009: 19

durch das Suchtverhalten, sondern durch natürliche Altersprozesse bedingt, werden Warnsignale der Abhängigkeit jedoch häufig nicht erkannt.[92]

Folgen

Mit zunehmender Dauer der regelmäßigen Einnahme bestimmter Medikamente erhöht sich die Wahrscheinlichkeit einer Intoxikation, welche mit dem Auftreten psychotischer und depressiver Zustandsbilder sowie demenzähnlicher Erscheinungen einhergehen kann.[93] Dieses gilt vor allem für Medikamente mit einer langen Halbwertzeit, bei denen eine Kumulationsgefahr eine Intoxikation begünstigt. Die regelmäßige Einnahme von Schlaf- und Schmerzmitteln kann vor allem im Alter eine Minderung kognitiver Fähigkeiten und Defizite in der Koordination von Bewegungsabläufen herbeiführen. Dieses und die muskelrelaxierende Wirkung diverser Mittel erhöhen die Sturzgefahr, welche bei dem älteren Menschen häufig mit drastischen Folgen verbunden sein kann. Neben schweren Frakturen, welche sich häufig im Oberschenkelhalsbereich zutragen und somit Immobilität herbeiführen, besteht in psychischen Folgen eines Sturzereignisses ein weiteres Risiko hinsichtlich einer vermehrten Unsicherheit bezüglich der Sicherheit körperlicher Fortbewegung und Leistungsfähigkeit. Durch die beschriebenen psychischen, körperlichen und kognitiven Beeinträchtigungen können sozialer Rückzug und Isolation begünstigt werden, was ebenfalls zu einer Minderung sozialer Ressourcen führen kann.[94]

Bei der Entwicklung von Spätfolgen des Suchtmittelkonsums ist die „early-onset" Abhängigkeit von der „late-onset" Abhängigkeit zu differenzieren. „Early-onset" Abhängigkeit bezeichnet eine Suchtentstehung, die in vorherigen Lebensphasen entstand, während „late-onset" Abhängigkeit die Entstehung der Sucht in späteren Lebensphasen bezeichnet. „Early-onset" Abhängige haben somit ein erhöhtes Risiko, an Folgewirkungen zu erkranken.[95]

---

[92] HÖPFLINGER 2009: 7
[93] KOEPPE 2010: 219
[94] RUHWINKEL 2009: 19
[95] RUHWINKEL 2009: 19

Neben allen erwähnten Risiken im Umgang mit psychoaktiven Medikamenten ist zu erwähnen, dass Benzodiazepine eine Möglichkeit der Akutbehandlung bei Angststörungen, psychotischen Ängsten und bei Ängsten, welche mit Unruhe einhergehen, darstellen können.[96] Darüber hinaus zeigt sich bei Menschen über 60 Jahren häufig auch ein sorgfältiger Umgang mit Suchtmitteln, so dass es auch bei einer Einnahme über mehrere Jahre zu keinem Kotrollverlust kommt. Eine konstante Einnahme eines Suchtmittels über einen längeren Zeitraum wird auch als „Low-dose Abhängigkeit" bezeichnet. Die erwähnten Spätfolgen können jedoch auch durch diese Form der Abhängigkeit auftreten.

Resümee

Es lässt sich also resümieren, dass alte Menschen (insbesondere Frauen) eine besondere Risikogruppe für eine Entwicklung von Medikamentenabhängigkeit darstellen. Diese Gefahr ist vor allem in den Fällen gegeben, in denen Medikamente mit Abhängigkeitspotenzial als Dauermedikation eingesetzt werden. Folgewirkungen der Dauermedikation können als erhebliche psychische und kognitive Beeinträchtigung auftreten. Bei älteren Menschen besteht jedoch die Gefahr, dass Folgeerscheinungen des Medikamentenmissbrauchs als Folgen des Alterungsprozesses fehlinterpretiert werden.

6.2 Alkohol

Die meisten Menschen unserer Gesellschaft sind in dem Umgang mit Alkohol vertraut. Alkoholkonsum ist häufig gesellschaftsfähig in den Alltag integriert und ist ein fester Bestandteil in der Ausrichtung von Feierlichkeiten. Durch diese gesellschaftliche Akzeptanz ist der ältere Mensch dem Alkohol häufig aufgeschlossener als alternativen Suchtmitteln. Hieraus resultiert jedoch auch eine altersspezifische Anfälligkeit für problembehafteten Alko-

---

[96] KIPP 2000: 271

holkonsum, da sich vertraute Konsummuster aufgrund defizitär empfundener Lebenslagen intensivieren können. Darüber hinaus nimmt die Alkoholverträglichkeit im Alter durch degenerative physiologische Prozesse erheblich ab, so dass eventuell frühere gewohnte Konsummuster im Alter eine Gesundheitsbedrohung und Suchtgefährdung darrstellen können.[97]

Statistiken und Ursachen

Nach Fichter wiesen 1990 im Vergleich zu 7,1 Prozent der Männer aller Altersgruppen nur 3,3 Prozent der Männer über 64 Jahren einen behandlungsbedürftigen Alkoholismus auf. Dieser Prozentsatz belief sich für Frauen in dieser Altersklasse auf ein Prozent.[98] Gründe für die niedrigen Prävalenzzahlen von Alkoholabhängigkeit im Alter bestehen nach Feuerlein (2000) in einer hohen Mortalitätsrate von Alkoholikern, in der verminderten körperlichen Alkoholtoleranz im Alter und in der durchschnittlich günstigeren Prognose der Abstinenzerhaltung älterer Menschen nach einer absolvierten Behandlung. So ist die Mortalitätsrate von Alkoholikern ca. acht Mal höher als die der entsprechenden Altersgruppe in der Gesamtbevölkerung. Durch diese hohe Sterblichkeit werden nur relativ wenige Menschen mit Alkoholabhängigkeit älter als 60 Jahre, wobei hinsichtlich der Optionen der medizinischen Versorgung eine mögliche Relativierung der tödlichen Folgen in Betracht gezogen werden muss. Durch die verminderte Alkoholtoleranz im Alter verändern sich die Konsummuster, indem ältere Menschen häufig weniger exzessiv Alkohol konsumieren und der Konsum somit seltener in Rauschzustände ausufert. Die erwähnte günstigere Prognose der Abstinenzerhaltung älterer Menschen nach einer stationären Behandlung basiert auf Untersuchungen, welche ergaben, dass 69 Prozent der Männer über 55 Jahren nach einer stationären Behandlung abstinentes Konsumverhalten aufrechterhalten konnten, während sich dieser Prozentsatz in der Altersklasse der unter 24-Jährigen auf 37 Prozent belief. Bei den Frauen über 55 Jahren ergab diese Statistik 47 Prozent und 23 Prozent bei den unter 24 Jährigen.[99] Jedoch wird diese günstige Prognose durch eine ge-

---

[97] MADER, GAßMANN 2006: 7
[98] FEUERLEIN 2000: 275
[99] FEUERLEIN 2000: 276

ringe Teilnahme älterer Menschen an Angeboten der Suchthilfe relativiert. Eine niedrige Prävalenz des Alkoholismus im Alter verwundert unter Berücksichtigung der erwähnten Möglichkeit der Kumulation defizitärer Entwicklungen hinsichtlich gesundheitlicher, kognitiver und sozialer Einschränkungen im Alter, welche häufig angstbesetzt sind, wenn berücksichtigt wird, dass Alkohol vielfach bewusst als Mittel zur Linderung von Altersbeschwerden angewendet wird. „Eine Häufung von Angststörungen bei Patienten mit Alkoholismus ist empirisch gut belegt, als Erklärung für die häufige Assoziation wird oft die Selbstbehandlungs- und Streßreduktionshypothese durch den spannungslösenden und anxiolytischen Effekt von Alkohol herangezogen." (VON WILMSDORFF et al. 2000: 282) Tatsächlich werden bei Patienten mit einem Beginn der Suchtproblematik nach dem 60. Lebensjahr („Late-onset") häufig altersbedingte Veränderungen wie der Verlust des Arbeitsplatzes oder des Lebenspartners oder gehäuftes Auftreten körperlicher Beschwerden als Motiv für den Beginn des abhängigkeitsproblematischen Konsums angegeben.[100]

Differenzierung der Alkoholabhängigkeit

Neben der Gruppe der Personen mit „Early-onset" und „Late-onset" Alkoholabhängigkeit lassen sich die Personen differenzieren, welche nach Alkoholproblemen in früheren Lebensphasen abstinent gelebt haben, im späteren Lebensverlauf jedoch wieder früheres Suchtverhalten aufnehmen.[101] Diese Form der Abhängigkeitsentwicklung wird auch als „intermittierend" bezeichnet. Bei der Gruppe der Personen mit „Early-onset" Abhängigkeit beginnt das Suchtverhalten für gewöhnlich bereits vor dem 30. Lebensjahr. Ca. 23 Prozent aller alten Menschen mit Alkoholabhängigkeit werden zu dieser Gruppe gezählt. Durch dieses Suchtverhalten, welches sich über mehrere Jahrzehnte erstreckt, fällt die Krankheitseinsicht der Betroffenen häufig schwer. Bei Personen mit „Late-onset" Alkoholabhängigkeit entwickelt sich das suchtspezifische Verhalten nach dem 45. Lebensjahr. Zu dieser Gruppe werden 49 Prozent der Menschen mit Alkoholabhängigkeit innerhalb der Gruppe der alten Alkoholabhängigen gezählt, wobei die Dau-

---

[100] FEUERLEIN 2000: 277
[101] FEUERLEIN 2000: 277

er dieser Form der Suchterkrankung in 73 Prozent aller Fälle weniger als zehn Jahre beträgt. Der vermehrte Wegfall sozialer Kontrolle im Alter begünstigt diese Form der Suchtentwicklung zusätzlich. Bei der Form der „intermittierenden Alkoholabhängigkeit" wird als Ursachengefüge ebenfalls von altersspezifischen Belastungen in Verbindung mit vermehrtem Rückgang sozialer Ressourcen ausgegangen.[102]

Dunkelziffer

Aufgrund des alterstypischen Konsummusters bei Abhängigkeit, welches sich neben der Aufrechterhaltung eines bestimmten Alkoholpegels auch durch den Konsum im eigenen zu Hause kennzeichnet, ist eine ungewisse Anzahl verdeckten Alkoholkonsums wahrscheinlich. Verdeckter Alkoholkonsum besteht ebenfalls, indem Stärkungsmittel und Hustensäfte mit bis zu 80 Prozent Alkohol eingenommen werden und somit eventuell bei unbewusstem Konsum ebenfalls zu einer Abhängigkeitsproblematik führen können.[103] Darüber hinaus ist aufgrund der häufig verminderten sozialen Kontrolle im Alter und aufgrund von Dissimulationstendenzen von einer hohen Dunkelziffer auszugehen. Eine mögliche Alkoholabhängigkeit wird bei dem älteren Menschen weniger häufig als bei einem jungen Menschen entdeckt, da der ältere Mensch häufig nicht mehr den gesellschaftlichen Erwartungen der Leistungserbringung unterliegt. Dieses und die umschriebene verminderte soziale Kontrolle bedingen die Möglichkeit des Entstehens einer erhöhten Dunkelziffer. Auch wird das Entstehen einer „Late-onset" Abhängigkeit häufig nicht registriert. „Dabei wird vor allem das Drittel der alkoholkranken älteren Patienten, bei denen sich erst im höheren Lebensalter etwa lebenssituativ bedingt eine Alkoholproblematik entwickelt, leicht übersehen." (LEWEKE 2000: 259)

---

[102] FLEISCHMANN 1997: 26
[103] MADER, GAßMANN 2006: 8

Symptome

Wie bei der Medikamentenabhängigkeit ist auch bei der Alkoholabhängigkeit das Erkennen von suchtspezifischen Symptomen durch die Ähnlichkeit der Symptome zu altersbedingten Veränderungen erschwert. Symptome, die auf schädlichen oder abhängigen Gebrauch von Alkohol hinweisen, sind vermehrte Stürze, kognitive Defizite, Interesselosigkeit/Interessenverlust, Vernachlässigung der äußeren Erscheinung und des Haushaltes, Durchfälle, Schwindel, Gesichtsröte, Tremor, Appetitverlust, Fehlernährung, Voralterung und Stimmungsschwankungen.[104]

Folgen

Als besonders problematisch hinsichtlich des Alkoholismus im Alter sind Folgeschäden zu betrachten, welche sich neben häuslichen Unfällen, wie z.B. Stürzen durch verminderte körperliche und geistige Leistungsfähigkeit und Voralterung der Organe sowie Lebererkrankungen bis zur Leberzirrhose, hirnorganischen Schädigungen und Krebserkrankungen darstellen.[105] Zusätzlich ist eine zunehmende soziale Isolierung aufgrund defizitärer Selbstwahrnehmung in Folge alkoholbedingter Störungen zu berücksichtigen. Bei der Gruppe der Personen, bei denen der Alkoholismus in früheren Lebensphasen einsetzte („Early-onset"), ist das Risiko erheblicher gesundheitlicher Folgeschäden im besonderen Maß gegeben.[106] Hinsichtlich der subjektiven Einschätzung und Bewertung des Gesundheitszustandes ist auffällig, dass befragte Personen mit Alkoholerkrankung in der älteren Kohorte ihren Gesundheitszustand deutlich besser einstuften als es eine objektive Feststellung eines Arztes wiedergab. Personen mit Alkoholabhängigkeitsproblematik bewerteten ihren Gesundheitszustand subjektiv besser als es Personen ohne Alkoholproblematik taten. Dieses könnte durch Dissimulationstendenzen bei älteren Menschen mit Alkoholproblematik zu begründen sein.[107]

---

[104] MADER, GAßMANN 2006: 9
[105] MADER, GAßMANN 2006: 8
[106] MADER, GAßMANN 2006: 8
[107] VON WILMSDORFF et al. 2000: 283

Risiken

„Low-dose"-Konsumgewohnheiten, welche im mittleren Erwachsenenalter
praktiziert wurden, können im Alter durch degenerative physiologische Prozesse vermehrt gesundheitlichen Schaden verursachen. Ein weiteres Risiko besteht in dem gleichzeitigen Konsum von Alkohol und psychoaktiven
Medikamenten, da dieses schädliche Wechselwirkungen hervorrufen
kann.[108] Durch den beschriebenen häufigen Medikamentengebrauch älterer
Menschen ist die Altersgruppe alter Menschen hier besonders gefährdet.

Resümee

Es lässt sich resümieren, dass die Alkoholabhängigkeitsprävalenz im Alter
im Vergleich zu jüngeren Altersgruppen aufgrund einer erhöhten Mortalität
der spezifischen Bevölkerungsgruppe abnimmt, die Gefahr des Alkoholismus im Alter jedoch aufgrund kompensierenden oder resignierenden
Suchtverhaltens weiterhin und sogar erneut gegeben ist. So ist die Lebensphase Alter auch als eine Lebensphase zu betrachten, in der bereits über-
wundenes Suchtverhalten erneut oder erstmalig auftreten kann. Darüber
hinaus könnten Statistiken, welche ein Absinken eines behandlungsbedürftigen Alkoholismus im Alter aufzeigen täuschen, da genaue Zahlen in der
Gruppe der über 65 Jährigen schwer zu erheben sind und daher mit einer
hohen Dunkelziffer gerechnet werden muss, wenn berücksichtigt wird, dass
Alkoholerkrankungen im Alter häufiger als bei jungen Menschen nicht diagnostiziert werden.[109]

6.3. Epidemiologie der Alkohol- und Medikamentenabhängigkeit

Hinsichtlich des Auftretens der beschriebenen Abhängigkeiten besteht auch
ein Zusammenhang zu der jeweiligen Lebenssituation des Individuums. So
geben diverse Statistiken Auskunft über die unterschiedlichen Ausprägungen von Konsumverhalten nach der jeweiligen Wohnform, in der sich eine

---

[108] BAHLMANN 2000: 300
[109] LEWEKE 2000: 259

Person befindet. Im Folgenden sollen die Medikamenten- und Alkoholabhängigkeit differenziert nach ihrer jeweiligen Prävalenz in stationären Aufenthalten und in Privathaushalten betrachtet werden und ihr Ursachengefüge ergründet werden.

Medikamentenabhängigkeit

Schätzungen besagen, dass ca. 12 bis 15 Prozent der über 65 Jährigen ständige Pflege und Betreuung benötigen, wobei der größte Teil der Betroffenen zu Hause von Angehörigen und ambulanten Pflegediensten versorgt wird. Die Nutzung stationärer Altenhilfeeinrichtungen wird nötig, wenn anstehende Pflege- und Betreuungsarbeiten im Privathaushalt nicht mehr erbracht werden können. Da Ressourcen der häuslichen und familiären Pflege und Versorgung durch gesellschaftliche Tendenzen der Arbeitsteilung häufig begrenzt sind, bestünde bei einem Fehlen stationärer Unterbringungsmöglichkeiten die Gefahr einer Unterversorgung im Bereich der Pflege älterer Menschen. In diesen Einrichtungen befinden sich ca. fünf Prozent der über 65 jährigen Bevölkerung. Der Großteil der Heimbewohner (mehr als zwei Drittel) ist 80 Jahre und älter. Darüber hinaus sind vier von fünf Bewohner stationärer Altenhilfeeinrichtungen weiblich.[110] Der Höchststand der Verordnung von Medikamenten wird in dem Alter zwischen 80 und 89 Jahren erreicht. Frauen dieser Altersgruppe werden in der Regel 30 bis 50 Prozent mehr Medikamente verschrieben als Männern gleichen Alters. Auch wenn nicht sämtliche verschriebenen Medikamente ein Suchtpotenzial aufweisen, ist von einem vermehrten Auftreten von Abhängigkeit in stationären Institutionen der Altershilfe auszugehen. Eine genaue Zahlenerhebung hinsichtlich der Prävalenz der Medikamentenabhängigkeit erscheint auf Grund der beschriebenen Komplexität der Abgrenzung von Gebrauch, Missbrauch und Abhängigkeit und aufgrund der erwähnten möglichen Fehldeutung von Abhängigkeitssymptomen im Alter nicht möglich. So gehen Mitarbeiter in Pflegeeinrichtungen von einer hohen Dunkelziffer der Medikamentenabhängigkeit aus.[111] Schätzungen zu Folge besteht bei 10 Prozent der älteren Menschen, welche in Privathaushalten leben, eine

---

[110] WEYERER, ZIMBER 1997: 167-168
[111] INFANGER 2009: 34

Medikamentenabhängigkeit, während sich dieser Prozentsatz in der Gruppe der Personen in stationären Altenhilfeeinrichtungen auf 40 Prozent beläuft.[112] Hinsichtlich der Ursachen für das erhöhte Auftreten von Medikamentenabhängigkeit in stationären Einrichtungen der Altenhilfe lassen sich epidemiologische Untersuchungen konstatieren, welche belegen, dass die Prävalenz dementieller und depressiver Erkrankungen bei Heimbewohnern um ein vielfaches höher liegt als bei älteren Menschen in Privathaushalten. So besteht nach Untersuchungen von Weyerer et al. (1996) bei über 50 Prozent der Bewohner stationärer Altershilfeeinrichtungen eine Demenz (überwiegend vom Alzheimer Typ) und bei über einem Drittel eine depressive Symptomatik. Da der Umzug von der vertrauten Umgebung in eine stationäre Institution für den alten Menschen häufig mit starken emotionalen Belastungen einhergeht, sollte der Einfluss dieses Übergangs auf die beschriebenen kognitiven und psychischen Störungen nicht unterschätzt werden. Da eine ideale stationäre Versorgung durch ein multi-disziplinäres Team von Ärzten, Altenpflegern, Sozialarbeitern, Ergotherapeuten und anderen Berufsgruppen häufig nicht gewährleistet ist und die Durchführung individueller Hilfeplanungen durch Personalknappheit und ungenügende Qualifikation des Personals häufig erschwert ist[113], scheint in der Intervention bei Unruhe- und Angstzuständen durch eine Medikation von sedierenden und anxiolytischen Mitteln eine mögliche Handlungsalternative für Ärzte und Altenpflegepersonal zu bestehen. „Ein Grund dafür, daß unruhige, über Schmerzen klagende oder auch lethargisch wirkende ältere Menschen von Mitarbeitern der Pflegedienste beispielsweise mit sedierenden oder narkotisierenden Medikamenten >>versorgt werden<<, liegt sicher in der oft fehlenden Zeit für persönliche Gespräche und Kontakte" (JANSSEN 1992: 300) Es lässt sich also resümieren, dass der Medikamentengebrauch, insbesondere der Gebrauch psychoaktiver Mittel mit Abhängigkeitspotenzial mit zunehmendem Alter ansteigt und bei Bewohnern stationärer Altenhilfeeinrichtungen um ein Vielfaches höher liegt als bei älteren Menschen in Privathaushalten, was zum einem durch spezifische Krankheitsentwicklungen, welche einen Heimaufenthalt und eine entsprechende Medikation erforderlich machen und zum anderem durch strukturelle Defizite innerhalb der stationären Einrichtungen begründet ist.

---

[112] LEWEKE 2000: 258
[113] WEYERER, ZIMBEL 1997: 169

Wie bereits erwähnt, sollte aus den vergleichsweise niedrigen Prävalenzraten für Alkoholabhängigkeit im Alter nicht die Schlussfolgerung eines gänzlichen Verschwindens der Alkoholproblematik im Alter gezogen werden. So wiesen nach Fichter (1990) 3,3 Prozent der älteren Männer und ca. ein Prozent der älteren Frauen in der Allgemeinbevölkerung einen behandlungssbedürftigen Alkoholismus auf. Um zu einer differenzierten Aussage zu Alkoholabhängigkeit in stationären Einrichtungen der Altershilfe zu gelangen, lässt sich eine Studie von Weyerer et al. (1998) berücksichtigen, in der 1927 Bewohner aus 20 verschiedenen Mannheimer Alten- und Altenpflegeheimen über einen Zeitraum von sechs Monaten hinsichtlich ihrer Trinkgewohnheiten und mit ihr einhergehenden Verhaltensauffälligkeiten bzw. eventuellen Veränderungen des psychischen Wohlbefindens und der Pflegebedürftigkeit untersucht wurden. Die untersuchten Personen waren zu 91 Prozent über 65 Jahre alt und zu 76,9 Prozent weiblich. Ärztliche Diagnosen wiesen auf eine hohe körperliche und psychische Morbidität der untersuchten Bewohner der Altershilfeeinrichtungen hin. So lag z.B. bei 40,7 Prozent der Pflegeheimbewohner und bei 13,4 Prozent der Altenheimbewohner eine Demenzdiagnose vor. 7,5 Prozent der untersuchten Bewohner wiesen bereits bei dem Heimeintritt eine ärztlich diagnostizierte psychische Verhaltensstörung durch Alkohol auf. Während diese Diagnose bei 19,3 Prozent der Männer zutraf, belief sich dieser Prozentsatz bei den Frauen auf nur 3,8 Prozent. Häufig ging diese Diagnose mit einer erhöhten Prävalenz für andere Erkrankungen, wie hirnorganischen Psychosyndromen[114], Erkrankungen des Verdauungssystems sowie des Nerven- und des Atmungssystems einher.[115] Zu Beginn der sechsmonatigen Untersuchung lag der Prozentsatz der Alkoholmissbrauchsfälle bei 3,3 Prozent. Gegen Ende der Untersuchung ließ sich bei 2,8 Prozent der Heimbewohner ein missbräuchlicher Alkoholkonsum beobachten. Dabei wiesen 60 Prozent der Alkoholauffälligen sowohl zu Beginn als auch am Ende der Untersuchung einen auffälligen Konsum auf. Der Anteil der Bewohner, welche ohne eine

---

[114] Hirnorganisches Psychosyndrom: Unter diesem Begriff werden Hirnschädigungen mit ganz unterschiedlichen Ursachen zusammengefasst. Dazu zählen unter anderem Verwirrtheits- und Erregungszustände, die im Verlauf einer Alzheimer-Krankheit, bei Durchblutungsstörungen oder nach Schlaganfällen auftreten können.
[115] WEYERER et al. 1998: 150

entsprechende Diagnose in die jeweilige Einrichtung einzog, zeigte in nur sehr seltenen Fällen ein auffälliges Alkoholkonsumverhalten. Weiterhin ließ sich feststellen, dass der Alkoholmissbrauch in der Regel der Gruppe der jüngeren Heimbewohner zuzuschreiben war. So betrug das Durchschnittsalter in der Gruppe der Alkoholkonsumauffälligen 71,1 Jahre, während das Durchschnittsalter der übrigen Heimbewohner bei 81,5 Jahren lag.[116] Die betroffenen Bewohner zeigten Verhaltensauffälligkeiten in Form von Suizidalität, Gereiztheit und Aggressivität und stellten somit eine erhöhte Herausforderung für die betreuenden Pflegekräfte dar. Hinsichtlich dieser Fakten lässt sich resümieren, dass männliche Heimbewohner um ein vielfaches häufiger von Alkoholmissbrauch betroffen sind als weibliche Heimbewohner, dass Alkoholmissbrauch häufiger bei jüngeren Heimbewohnern besteht, der Missbrauch häufig mit psychischen und physischen Komplikationen einhergeht und das Alkoholproblem zumeist bereits bei einem Heimeintritt besteht. Somit scheint der Alkoholmissbrauch eher eine Ursache als eine Folge eines Heimeintritts darzustellen. So besteht in der Erschließung der Herkunft der betroffenen Heimbewohner eine Erklärung des Ergebnisses der vorgestellten Studie, da aus dieser ein höherer Anteil der Heimbewohner ein problembehaftetes Alkoholkonsumverhalten aufweisen als es bei älteren Menschen in der Allgemeinbevölkerung der Fall ist. Tatsächlich zeigte sich, dass ein wesentlicher Anteil der betroffenen Personen aus Suchtkliniken bzw. aus Suchtabteilungen psychiatrischer Kliniken in das Altenheim bzw. Pflegeheim zogen oder der Heimeintritt durch eine zunehmende alkoholbedingte Verwahrlosung bedingt war.[117,118] Somit lassen sich die Institutionen der stationären Altenhilfe als ein häufiger Wohnort alternder alkoholabhängiger Menschen betrachten. Dieser Umstand ist in Anbetracht der unzureichenden fachlichen Ausrichtung und Ausstattung der meisten konventionellen Altenhilfeeinrichtungen auch als kritisch zu erachten. „Ungeachtet ihrer dafür unzureichenden Ausstattung scheinen viele Alten- und Altenpflegeheime zu einer >>heimlichen<< Versorgungseinrichtung für ältere Menschen geworden zu sein, die an schweren psychischen Störungen, auch Alkoholproblemen leiden." (WEYERER et al. 1998: 154)

---

[116] WEYERER et al. 1998: 153
[117] WEYERER et al 1998: 154
[118] Vgl. WEYERER, ZIMBEL 1997: 173

6.4 Co- Abhängigkeit

Die Co-Abhängigkeit bezeichnet eine destruktive Verhaltensweise Angehöriger suchtkranker Menschen, welche sich durch den Zwang zur Hilfe (Kontrollverlust) und der Unfähigkeit, das Hilfsverhalten einzustellen, kennzeichnet.[119] Die von Co-Abhängigkeit betroffene Person erkennt die Destruktivität ihrer Handlung meistens nicht, da die Motivation ihrer Handlung in dem Ziel der Besserung der suchtkranken Person besteht und das Verhalten somit als produktiv und dem Betroffenen zuträglich empfunden wird. Der Angehörige wird jedoch häufig unwissend oder sogar widerwillig in die Position des Co-Abhängigen hineingezogen. So führen die, durch die Suchtentwicklung des Angehörigen hervorgerufenen Emotionen, wie Wut, Ärger und Angst zu der natürlichen Reaktion, eine wachsende Unsicherheit durch eigenes Engagement bezüglich des Ausgleichs suchtbegründeter, defizitärer Entwicklungen zu vermindern. Die Maßnahmen zur Vermeidung des Suchtmittelmissbrauchs des Angehörigen sind häufig ähnlich vielfältig, wie die des süchtigen Menschen, um an das Suchtmittel zu gelangen. Sie treten in diversen Bereichen und vielseitigen Facetten auf. Jedoch führen diese Maßnahmen letztlich zu einer Verschlechterung der Suchtkrankheit, da jegliche Form emotionalen Drucks eine weitere Form der Konsummotivation darstellt. Die Ziele des Angehörigen bestehen neben der Besserung des Suchtverhaltens des Partners, der Wahrung des sozialen Ansehens, der Sicherung der materiellen und finanziellen Situation schließlich in dem Wiedererlangen eigener Sicherheit und Kontrolle in einer Situation, die von zunehmender Angst und Unsicherheit geprägt ist. „Er gerät in den Zwang helfen zu müssen. Helfen wird sein Mittel, sich gegen zunehmende Angst und Unsicherheit zu wehren." (RÖHR 2008: 43) Somit versucht der Co-Abhängige durch sein Verhalten nicht nur dem Süchtigen zu helfen, sondern ebenfalls sich selbst. Durch das zunehmende Übernehmen von Verantwortung versucht der Co-Abhängige, Sicherheit zu gewinnen. „So wie der Süchtige, um seine Entzugserscheinungen abzumildern, immer größere Mengen des Suchtmittels benötigt, muss der Co-Abhängige immer mehr >>Helfen<< einsetzen, um Sicherheit herzustellen." (RÖHR 2008: 43) Jedoch basiert die Möglichkeit der Aufrechterhaltung des abhängigen Konsums ohne negative Konsequenz häufig auf dem verantwortungsmindern-

---

[119] RÖHR 2008: 43

den Hilfeverhalten des Co-Abhängigen, welches somit eine kontraindizierte Wirkung nimmt und daher als destruktives Hilfsverhalten zu bezeichnen ist.[120]

Risiken

Die psychische Situation des Co-Abhängigen wird durch die Dauerbelastung, welche häufig mit emotionaler Ausbeutung durch den suchtkranken Angehörigen, z.B. in Form von Beschimpfung, Misshandlung und materieller Ruinierung einhergeht, vermehrt beeinträchtigt. Diese Dauerbelastung entsteht auch durch die Unfähigkeit der co-abhängigen Person, die Beziehung zu dem nahestehenden suchtkranken Menschen zu beenden. Häufig bemüht sich die suchtmittelabhängige Person bei einer drohenden Konsequenz (z.B. Scheidung) um Besserung seines Suchtverhaltens. Nachdem der Co-Abhängige jedoch begonnen hat, sich erneut auf einer emotionalen Ebene des Vertrauens auf den nahestehenden Angehörigen einzulassen, dieser die neuerworbene Zuwendung wahrnimmt und sich über den Erhalt der Beziehung sicher ist, steigt der Suchtmittelkonsum wieder an, da in der Phase des relativ geringen Konsums ein erheblicher Suchtdruck erwachsen ist. Eine besondere Gefahr besteht in Konstellationen, in denen der Co-Abhängige keine Ressourcen durch weitere Lebensbereiche aufzuweisen hat, die von dem suchtkranken Angehörigen getrennt sind. So kann z.B. der Beruf positive Aspekte vermitteln und somit emotional stabilisierend wirken. Das Fehlen entlastender Lebensbereiche und eine Fixierung auf den suchtkranken Angehörigen können in fortgeschrittenen Stadien zu Extremsituationen führen, welche durch eine zunehmende Gleichgültigkeit der suchtkranken Person hinsichtlich der Befindlichkeit des co-abhängigen Angehörigen geprägt sind und zur völligen Resignation des Co-Abhängigen führen können.

---

[120] RÖHR 2008: 43

Folgen

Häufig reagieren Co-Abhängige mit Autoaggressionen auf Grund ihres Verhaltens gegenüber dem suchtkranken Angehörigen, da das Hilfsverhalten als uneffektiv erlebt und erkannt wird, was zu einem Gefühl ohnmächtiger Wut gegen die eigene Person erwachsen kann. Unweigerlich führt die andauernde Belastung zu emotionalen Störungen wie vermehrter Angst, Panikanfällen, Depressionen usw. Weitere typische Folgeerscheinungen der Dauerbelastung durch Co-Abhängigkeit treten in Form psychosomatischer Beschwerden, wie Migräne, Bandscheibenbeschwerden, Herzerkrankungen und Magenbeschwerden, auf. Aufgrund von Scham für die Situation wird die Ursache dieser Symptome häufig nicht thematisiert, so dass eine wirkliche Entlastung nicht möglich wird. Durch die Übernahme der Verantwortung für den Suchtkranken entwickelt der Co-Abhängige in der Regel erhebliche Schuldgefühle, da die Kontrolle der Sucht nicht erreicht werden konnte. Strukturen von Co-Abhängigkeit lassen sich häufig rezidivierend im Lebenslauf feststellen. So weisen häufig Personen eine solche Verhaltensweise zu ihren suchtkranken Partnern auf, welche schon als Kind eine co-abhängige Beziehung zu einem Elternteil hatten. Auch besteht in der Co-Abhängigkeit häufig der Ausgangspunkt für eine eigene Suchtentwicklung.[121]

Co-Abhängigkeit im Kontext der Sucht im Alter

Genaue Statistiken zu der Anzahl co-abhängiger Menschen liegen aufgrund des häufig schambesetzten Themas nicht vor. Vor allem in der Altersgruppe der älteren Menschen bzw. der dritten Lebensphase und der Hochaltrigkeit scheint eine genaue Angabe über die Anzahl betroffener Menschen kaum möglich zu sein, da bereits eine erhebliche Dunkelziffer der Suchterkrankungen im Alter als wahrscheinlich zu bezeichnen ist. Es lassen sich jedoch differenzierte Angaben zu den pflegenden Angehörigen machen, welche in der Regel eine enge Bezugsperson des alten Menschen sind und bei denen in dem Fall einer Suchterkrankung somit dem Risiko einer Co-Abhängigkeit bestehen könnte. So zeigt eine nähere Betrachtung,

---

[121] RÖHR 2008: 45-46

dass die Gruppe der pflegenden Angehörigen in Deutschland zu 32 Prozent älter als 65 Jahre sind und derselben Generation wie die zu pflegende Person angehören. Der größte Anteil der pflegenden Angehörigen (54 Prozent) ist zwischen 40 und 64 Jahren alt und 11 Prozent sind jünger als 39 Jahre.[122] Diese Zahlen zeigen, dass sich pflegende Angehörige häufig selbst im höheren Alter befinden. Bei den über 65 Jährigen ist von einer Pflege des Lebenspartners auszugehen, während die größte Gruppe der 40 bis 64 Jährigen aus den direkten Nachkommen der Pflegebedürftigen bestehen. Ein Blick auf die Geschlechterverteilung bestätigt diese These. So werden 39 Prozent der älteren unterstützungsbedürftigen Männer zwischen 65 und 79 Jahren von ihren Ehefrauen versorgt, während nur 22 Prozent der Frauen der gleichen Altersklasse von ihren Männern gepflegt werden. Auch insgesamt stellt sich die Geschlechterverteilung in der Pflege ungleich dar. So werden 73 Prozent der pflegerischen Aufgaben in Privathaushalten von Frauen übernommen. Diese Ungleichverteilung ist zum einem in der geringeren Lebenserwartung der Männer und zum anderem in klassischen sozialen Rollenverständnissen zu begründen, in denen Männer Aktivitäten außerhalb des eigenen Haushaltes übernehmen. Es lässt sich ebenfalls ein vermehrter Rückgang der Pflegebereitschaft der Töchter konstatieren, was neben der Emanzipation der Frau in das Berufsleben durch mögliche Alternativen der häuslichen Pflege durch die Pflegeversicherung zu begründen ist.[123]

Differenzierung der Prävalenz

In einem Projekt zum Thema „Sucht im Alter", welches in Schleswig-Holstein über drei Jahre mit diversen ambulanten Pflegediensten von Hans-Wilhelm Nielsen vom Suchthilfezentrum Schleswig geleitet wurde, stellte sich ein Bestehen co-abhängiger Strukturen zwischen Pflegekräften und Patienten heraus. So berichteten Pflegekräfte von dem Gefühl einer persönlichen Niederlage, wenn in einer suchtspezifischen Konfliktsituation nicht geholfen werden konnte und schließlich in Einzelfällen etwa täglich Alkohol (z.B. eine Flasche Korn) für den betroffenen Patienten besorgt und

---

[122] DÖHNER/29.04.2010
[123] DÖHNER/29.04.2010

ausgehändigt wurde. Aufgrund dieser unangenehmen Situation, professionelles Handeln in der Beziehung zum Patienten nicht aufrechterhalten zu können und schließlich aufgrund des Drucks durch den Patienten schädigende Verhaltensweisen des Patienten zu unterstützen, wurde das eigene co-abhängige Verhalten verschwiegen. Nielsen weist aufgrund der Auswertungen seiner Studie jedoch ebenfalls auf co-abhängiges Verhalten von Ärzten hin, welche das Verweigern der Ausstellung von Rezepten für Benzodiazepine häufig nicht wagen würden, da sie Angst vor möglichen Entzugserscheinungen hätten.[124] Zu Co-Abhängigkeit im Kontext der stationären Altershilfe oder der Verbreitung von Co-Abhängigkeit im Kontext familiärer Hilfssysteme liegen derweil keine Ergebnisse oder Untersuchungen vor.

Resümee

Es zeigt sich, dass gerade die nahestehenden Angehörigen alter Menschen häufig ebenfalls zu der Gruppe älterer Menschen gehören und somit durch eine zunehmende Einschränkung der Lebenswelt auf den häuslichen Bereich im Falle einer Co-Abhängigkeit Maßstäbe zur Begünstigung eines krisenhaften Verlaufs erfüllen. So lässt sich für einen Großteil der nahen Angehörigen älterer Menschen (der Gruppe der über 65 Jährigen) aufgrund vermehrter Immobilität und dem Ausscheiden aus dem Berufsleben häufig eine vermehrte Fixierung auf den eigenen Haushalt konstatieren und somit bestehen eventuell keine möglichen Entlastungsbereiche, welche von einem suchtkranken Partner getrennt wären. Hinsichtlich der Fälle der beschriebenen Singularisierung im Alter dürfte der Bereich der Co-Abhängigkeit entweder an Bedeutung verlieren oder sich auf die folgende Generation innerhalb familiärer Hilfsstrukturen bzw. auf nahestehende Pflegekräfte übertragen.

---

[124] JONAS 2006: 22

6.5 Zwischenfazit

Hinsichtlich der Prävalenz der Medikamenten- und Alkoholabhängigkeit in der älteren Bevölkerung lässt sich bezüglich der Interventionsmöglichkeiten und der Notwendigkeit der Intervention durch die soziale Arbeit resümieren, dass beide Abhängigkeitsformen im Alter bestehen, wobei die Medikamentenabhängigkeit im Alter vermehrt auftritt und sich die Alkoholabhängigkeit unter Berücksichtigung der Epidemiologie innerhalb der älteren Bevölkerung besonders auf den stationären Bereich der Altershilfe zu fixieren scheint, wobei die Verbreitung innerhalb der Gruppe alter Menschen in Privathaushalten nicht eindeutig zu bestimmen ist. Aufgrund der Intimität und des häufig schambesetzten Empfindens hinsichtlich einer Abhängigkeit oder einer Co-Abhängigkeit ist von hohen Dunkelziffern auszugehen, was das Ermessen des Hilfebedarfes und die Intervention der Sozialen Arbeit teilweise erschwert. Da die Prognosen hinsichtlich einer erfolgreichen Abstinenzerhaltung älterer Menschen nach absolvierter suchttherapeutischer Intervention als positiv zu bezeichnen sind, erscheint ein Engagement der sozialen Arbeit im Bereich der „Sucht im Alter" als sinnvoll. Die Notwendigkeit einer Intervention, welche auf eine Verhaltensänderung hinsichtlich des Konsums eines Suchtmittels abzielt, wird häufig aufgrund negativistischer Altersbilder in Frage gestellt. So werden z.B. der Aufwand und die Anstrengung eines Entzugs und einer Therapie in Relation zu der geringen verbleibenden abstinenten Lebenszeit als nicht lohnenswert erachtet. Jedoch zeigten erfolgte Verhaltensänderungen und überwundene Abhängigkeiten auch bei älteren Menschen schnelle positive Auswirkungen auf das Allgemeinbefinden, wie z.B. eine Verbesserung der Gedächtnisleistung oder eine verbesserte körperliche Belastbarkeit.[125] Darüber hinaus führt die neu erlangte Autonomie, welche durch die Fähigkeit zur Abstinenz erreicht wurde, bei alten Menschen zu einer Steigerung des Selbstvertrauens und der Zuversicht in die eigene Selbstwirksamkeit, welche gerade in der spezifischen Lebenssituation im Alter vermehrt an Bedeutung gewinnt.[126] Somit begründet sich die Notwendigkeit einer sozialarbeiterischen Intervention im Kontext der Sucht im Alter durch die Steigerung bzw. durch das Wiedererlangen von Wohlbefinden im Alter. Im Folgenden soll auf die Besonderhei-

---

[125] MERFERT-DIETE 2006: 16
[126] RUHWINKEL 2009: 19

ten und Möglichkeiten, sowie auf mögliche Grenzen der Interventionen der sozialen Arbeit im Bereich der Suchthilfe alter Menschen eingegangen werden, indem diverse Möglichkeiten der Intervention differenziert betrachtet werden. Um Interventionsmöglichkeiten innerhalb der sozialen Arbeit mit einer solch spezifischen und zugleich heterogenen Gruppe, wie die der alten Menschen mit Abhängigkeitsproblematiken, übersichtlich und gänzlich zu schildern. Dabei müssen zunächst Besonderheiten in der therapeutischen Arbeit sowohl mit alten Menschen, als auch mit suchtkranken Menschen betrachtet werden.

7. Besonderheiten in der therapeutischen und beratenden Arbeit mit älteren Menschen

Der suchtkranke Mensch weist zum Zeitpunkt der Kontaktaufnahme zu einem Berater oder Therapeuten häufig eine ausgeprägte Ambivalenz bezüglich der Beratungs- und Behandlungsbereitschaft auf. Die Herstellung einer produktiven Beziehung zwischen dem Berater/Therapeuten und dem Klienten/Patienten ist eine Aufgabe des Beraters/Therapeuten. In der Arbeit mit älteren Menschen sind hier sowohl spezifische thematische Schwerpunkte als auch Besonderheiten in der Beziehungsgestaltung zu berücksichtigen, auf welche hier eingegangen werden soll. Desweiteren sollen hier die Therapieformen der Psychoanalyse und der Verhaltenstherapie im Kontext der Therapie mit älteren Menschen betrachtet werden. Schließlich werden ebenfalls mögliche Besonderheiten des Suchtmittelentzugs im Alter erläutert. Außerdem sollen Reaktionsmöglichkeiten der sozialen Arbeit auf alterstypische Problemsituationen erarbeitet werden, um eine ganzheitliche Intervention bezüglich der Entwicklung bzw. des Verlaufs einer Suchterkrankung darzustellen. Zunächst soll jedoch die grundsätzliche Differenzierung der sozialarbeiterischen Interventionen der Therapie und der Beratung verdeutlicht werden.

7.1 Differenzierung von Psychotherapie und Beratung

Während die Beratung dem Sozial- und Fürsorgesystem zuzuordnen ist, ist die Psychotherapie ein Bereich des Gesundheitswesens. Trotz dieser rechtlichen Unterschiede sind diese beiden Vorgehensweisen der sozialen Arbeit häufig nicht eindeutig voneinander zu trennen. So impliziert eine Beratung im Kontext der sozialen Arbeit mehr als den Ausgleich eines Informationsdefizits oder das Erteilen von Ratschlägen. Es ist unter Berücksichtigung des psychosozialen Verständnisses der Beratungssituation in der Beratung von zwei Personen auszugehen, wobei nicht nur der Experte, sondern auch der Ratsuchende eine aktive Rolle einnimmt. Um eine Abgrenzung der Beratung von der Psychotherapie zu erreichen, ist es notwendig, beide Begrifflichkeiten zu definieren. Strotzka definierte die Psychotherapie 1975 als „einen bewußten und geplanten interaktionellen Prozeß zur Beeinflussung von Verhaltensstörungen und Leidenszuständen [...] mit psychologischen Mitteln [...] in Richtung auf ein definiertes [...] Ziel mittels lehrbarer Techniken auf der Basis einer Theorie des normalen und pathologischen Verhaltens" (STROTZKA 1975: 4 zit. in PETERS 2006: 46). Dietrich definiert Beratung demgegenüber folgendermaßen: „Beratung ist in ihrem Kern jene Form einer interventiven und präventiven helfenden Beziehung, in der ein Berater mittels sprachlicher Kommunikation und auf der Grundlage anregender und stützender Methoden innerhalb eines vergleichsweise kurzen Zeitraumes versucht, einem desorientierten, inadäquat belasteten oder entlasteten Klienten eine auf kognitiv-emotionale Einsicht fundierten aktiven Lernprozeß in Gang zu bringen, in dessen Verlauf seine Selbsthilfebereitschaft, seine Selbststeuerungsfähigkeit und seine Handlungskompetenz verbessert werden können" (DIETRICH 1983: 2 zit. in PETERS 2006: 46). Während also beide Definitionen die Bedeutung der Interaktion und der Beziehung betonen, lässt sich ebenfalls konstatieren, dass sich die Beratung nicht allgemein auf psychologische Methoden stützt, sondern Methoden anregender und unterstützender Art akzentuiert. Nestmann formuliert zudem weitere Abgrenzungsmerkmale, indem er die Beratung als eher lebensereignisbezogen, netzwerkorientiert, präventiv, kurz und problemzentriert bezeichnet, während er die Psychotherapie als eher krankheitsbezogen, individuumsorientiert, kurativ, lang und krankheitsbewältigungsorientiert charakterisiert. In der Praxis zeigt sich jedoch, dass auch in psychotherapeutischen Arbeitsgebieten beratend und in Beratungsstellen durchaus psychotherapeutisch interveniert wird. Es lässt sich hinsichtlich der versuchten Differenzierung der Beratung und der Psychotherapie resümieren, dass beide Methoden nicht völlig gleichzusetzen sind, klare Unterscheidungsmerkmale jedoch nur schwer zu identifizieren sind. Es ist von einem Überschneidungsmodell beider Methoden in der praktischen Arbeit auszugehen, wobei unterschiedliche Akzentsetzungen bestehen bleiben.[127]

---

[127] PETERS 2006: 45-47

7.2 Die Bedeutung der Beziehungsgestaltung und ihre Dynamik

Verhaltensänderungsfördernde Beziehungsgestaltung

Eine verlässliche und vertrauenserweckende und -rechtfertigende Beziehung zwischen dem Patienten und dem Therapeuten stellt eine Basis für den Erfolg einer Therapie dar. So beeinflusst die Haltung des Therapeuten das Resultat der therapeutischen Intervention häufig stärker als die angewandte Therapiemethode. Nach Carl Rogers Untersuchungen nach wesentlichen Therapeutenfertigkeiten, welche eine Verhaltensänderung eines Patienten am ehesten fördern, besteht in einer klientenzentrierten, interpersonellen Beziehung eine ideale Atmosphäre zu Förderung von Verhaltensänderungen. Drei wesentliche Faktoren zur Vorbereitung einer natürlichen Veränderung bestehen dabei nach Rogers in der Empathie, der unbedingten Wertschätzung und der Kongruenz des Therapeuten gegenüber dem Patienten.[128] In einer Studie, welche an älteren Patienten in stationärer psychosomatischer Behandlung durchgeführt wurde, wurde deutlich, dass ältere Menschen die Beziehung zum Therapeuten als relevanter einstufen als jüngere Patienten und dyadische Beziehungsmuster in der Therapiegestaltung von älteren Patienten bevorzugt werden.[129] Bei einer therapeutischen suchtthematisierenden Auseinandersetzung mit einem älteren Menschen muss eine häufig stark ausgeprägte Scham bezüglich des Eingestehens der eigenen Erkrankung und der Situation der Hilfeannahme bedacht werden. So wird Suchtverhalten in der älteren Generation, welche weitgehend von Werten wie Stärke und Selbständigkeit geprägt ist, oft als ein persönliches Defizit in Form einer mangelnden Willensstärke interpretiert. Durch diesen Umstand ist eine wenig konfrontative Vorgehensweise und eine Aufklärung über günstige Heilungsprognosen im Umgang mit älteren Patienten häufig als sinnvoll zu erachten. Da ältere Menschen die Beratungssituation häufig aufgrund einer empfundenen Diskrepanz zwischen ihrem inneren Anspruch und ihrem tatsächlichen Verhalten aufsuchen, ist eine Bereitschaft zu einer Entwöhnungsbehandlung durch das Betonen vor-

---

[128] MILLER, ROLLNICK 2009: 21
[129] GEYER 2009: 10

handener Ressourcen im Bezug auf günstige Heilungsprognosen gut zu erreichen.[130]

Beziehungsdynamik zwischen jüngeren Therapeuten und älteren Patienten

Die Beziehungsgestaltung wird auch durch unbewusste Faktoren beeinflusst. So werden in der Beziehung zu dem Therapeuten Erfahrungen mit früheren Bezugspersonen unbewusst wieder erlebt, so dass es zu einer Übertragung der Emotionen, welche einer früheren Bezugsperson gebühren, auf den Therapeuten kommen kann. Dieses Phänomen wird als Übertragung bezeichnet. In der regelhaften Übertragung werden Eigenschaften enger Bezugspersonen wie der Mutter oder des Vaters auf den Therapeuten übertragen. In der Konstellation der Begegnung eines älteren Patienten mit einem jüngeren Therapeuten bietet sich also eine Übertragung der Beziehung zu jüngeren Geschwistern, zu eigenen Kindern oder zu den Enkelkindern an. Dieses Phänomen bezeichnet Radebold als umgekehrte Übertragung. Nach Radebold kann sich im Verlauf der Therapie sowohl die regelhafte Übertragung durchsetzen als auch die umgekehrte Übertragungskonstellation bestehen bleiben. Diese unterschiedlichen Entwicklungsmöglichkeiten gestalten die Beziehung facettenreicher und gleichzeitig eventuell komplizierter. Es besteht die Gefahr der emotionalen Reaktion des Therapeuten auf die Übertragung des Patienten (Gegenübertragung). So sind Therapeuten in der Therapie älterer Patienten nach Hinze einem regressiven Sog ausgesetzt, in dem der Therapeut in die Rolle eines „idealen Kindes" gedrängt werden kann. Darüber hinaus muss hinsichtlich der Empathiefähigkeit des Therapeuten das eigene Altersbild berücksichtigt werden, welches bei einer negativistischen Prägung aufgrund belastender Befürchtungen hinsichtlich des Alterungsprozesses zu einer unbewussten Ablehnung der tiefergehenden Beschäftigung mit der individuellen Situation des Patienten führen könnte.[131] „Verschliessen sie sich diesen Fragen, weil die Angst vor Gebrechlichkeit, Einsamkeit und Autonomieverlust im Alter überwiegt, werden sie eine tiefere Begegnung scheuen." (GEYER 2009: 11)

---

[130] GEYER 2009: 11
[131] GEYER 2009: 11

7.3 Therapieformen im Kontext altersspezifischer Anforderungen

Sowohl in der ambulanten als auch in der stationären Behandlung von Menschen mit psychischen Störungen, auf welchen z.B. eine Suchterkrankung basiert, nehmen die psychoanalytische Therapie und die Verhaltenstherapie Schlüsselpositionen ein. Jedoch weisen beide Therapieformen hinsichtlich ihrer therapeutischen Interventionen, ihrer Inhalte und Stile wesentliche Unterschiede von einander auf.[132]

7.3.1 Psychoanalytische Therapie

Die psychoanalytische Therapie versucht unter Berücksichtigung der Phänomene der Übertragung, der Gegenübertragung und des Widerstandes in der Biographie begründete, unbewusste pathogene Störungen der Persönlichkeitsentwicklung aufzuarbeiten und somit eine Genesung von psychisch begründeten Persönlichkeitsstörungen zu erreichen.[133] Psychoanalytisch-orientierte Therapeuten fokussieren in ihrer Therapie also intrapsychische Konflikte, Beziehungsthemen, Emotionen und biographisch länger zurückliegende Inhalte.[134] Die Auffassung der Psychoanalyse, dass Trennungen im Leben eine Voraussetzung für Weiterentwicklungen sind, scheint die psychoanalytische Therapie für eine Hinwendung zur Altersthematik zu prädestinieren. Da sich die Lebenswelt des alten Menschen jedoch nicht auf das Erleben von Verlusten begrenzt, muss die psychoanalytische Therapie von einem umfassenden, das Unbewusste einbeziehenden Verständnis vom Alter ausgehen. Jedoch kann ein solches vertiefendes Verständnis gerade das alternde Individuum verunsichern und beunruhigen, da eine Konfrontation mit lebenslang ins Unterbewusstsein verdrängten Inhalten gerade im Kontext der fortschreitenden Alterung angstauslösende Wirkung entfalten kann.[135] „Zahlreiche Ältere sind von Deutungen, die den manifesten Sinn der Äußerungen in Frage stellen und die auf ein Verständnis des Unbewussten abzielen, irritiert und abgeschreckt. Sie erleben sich einer fremden, ängstigenden Welt gegenüber, die zudem mit dem Fremden in

---

¹³² MÜCK /10.05.2010
¹³³ GERLACH /10.05.2010
¹³⁴ MÜCK /10.05.2010
¹³⁵ PETERS 2006: 29

sich selbst, als das das Alter empfunden wird, zu konfrontieren droht."
(PETERS 2006: 29) Daher müssen zur Optimierung des Zugangs zu dem
alten Menschen und zur Herstellung einer produktiven Beziehungsatmo-
sphäre im therapeutischen Kontext alternative Therapieformen Berücksichtigung und Anwendung finden. Eine mögliche Alternative besteht in der
Verhaltenstherapie, welche auf eine Verbesserung der Funktionalität des
Verhaltens abzielt.

7.3.2 Verhaltenstherapie

Die Verhaltenstherapie umfasst ein Sammelsurium diverser Behandlungs-
möglichkeiten (z.B. Angstbewältigungstechniken, Reizkonfrontation, De-
pressionstherapie, Problemlösungstherapie, Verhaltensübungen im Rollen-
spiel), welche auf das Wiedererlangen der Fähigkeit eines Patienten, mit
der Umwelt adäquat zu interagieren, abzielen. Verhaltenstherapeutisch-
orientierte Therapeuten vermitteln also störungsbezogene Informationen,
werden häufig als unterstützender und empathischer empfunden und Ermu-
tigen eher zu neuen Erfahrungen zwischen den Sitzungen.[136] Ausgehend
von dem Grundsatz, dass nicht die Dinge selbst den Menschen beunruhigen, sondern die Vorstellung von den Dingen, berücksichtigt die moderne
Verhaltenstherapie vermehrt auch die innere Welt des Patienten. Diesem
Grundsatz kommt hinsichtlich der Thematisierung dysfunktionaler Kognitionen[137] besondere Relevanz zu, da diese die Realität durch das Überwiegen
negativer Bewertung verzerrt wiederspiegeln und nur wenig zielgerichtet
sind. Dysfunktionale Kognitionen führen damit sowohl zu negativer emotionaler Befindlichkeit, als auch zu einer nicht adäquaten Verhaltensweise.
Gerade in der Gruppe der älteren Menschen lassen sich dysfunktionale
Gedanken vermehrt beobachten. So reagieren ältere Menschen auf Verluste oder Kränkungen häufig mit Übergeneralisierungen, welchen ein allge-
meines Empfinden von Wertlosigkeit und eine negative Zukunftssicht folgen. Um einem zurückhaltenden und skeptischen älteren Menschen die
gewünschte Orientierung und Sicherheit zu vermitteln und ihn somit in den

---

[136] MÜCK 10.05.2010
[137] Kognitionen: Gesamtheit aller Strukturen und Vorgänge im Bereich des „Erkennens"
(Bewertung, Wahrnehmung, Interpretation, Erinnerung, Problemlösung) Dysfunktionale
Kognitionen: Kognitionen, die sich negativ auf psychische Gesundheit auswirken

Therapieprozess zu involvieren, ist eine aktive Gesprächsführung des Therapeuten notwendig. Die Arbeit an kognitiven Verzerrungen durch eine direktivere Interventionsweise des Therapeuten erleichtert vielen älteren Menschen den Zugang und die Umsetzung der Therapie, da ein solcher Umgang bisherigen Erfahrungen im Umgang mit Ärzten entspricht und der ältere Mensch somit Vertrautes wiedererkennt, was zu einem Gefühl von Sicherheit führt. Darüber hinaus führen eine hohe Transparenz und Durchschaubarkeit des therapeutischen Prozesses zu einer Steigerung des Selbstkontrollerlebens, was Abhängigkeitsängsten älterer Menschen entgegenwirkt. Die Verhaltenstherapie erscheint also nicht zuletzt durch das ständige Fokussieren auf situationsbezogene, handelnde Auseinandersetzungen mit der Umwelt, welches die Dimension der Gestaltung und des Zurechtkommens mit der äußeren Realität betont, für den älteren Menschen angebracht zu sein.[138]

7.4 Besonderheiten des Entzugs im Alter

Einer therapeutischen Behandlung geht in der Regel der körperliche Entzug des Suchtmittels voraus. Hinsichtlich möglicher altersspezifischer Komplikationen im Bezug auf einen Suchtmittelentzug sollen im Folgenden Alkoholentzug und Medikamentenentzug im Alter differenziert beschrieben werden.

Alkoholentzug im Alter

In der Literatur wurde wiederholt die Ansicht vertreten, dass ältere Menschen, welche häufig an schweren physischen oder kognitiven Erkrankungen leiden, eine besondere Risikogruppe für einen erschwerten Alkoholentzug darstellen, da Alkoholsyndrome schwerwiegender als bei jüngeren Patienten seien und länger verliefen. Diese Hypothese wurde jedoch in nur wenigen Studien empirisch untersucht.[139] Während diese Studien auf ein leicht erhöhtes Risiko eines erschwerten Entzuges mit Entzugssymptomen

---

[138] PETERS 2006: 31-32

[139] Vgl. BROWER et al. 1994, FINK et al. 1996, FOY et al. 1997, KRAEMER et al. 1997

wie Stürzen und Verwirrtheitszuständen hinwiesen, finden sich keine eindeutigen Hinweise auf eine Häufung von Delirien bei älteren Entzugspatienten in den Untersuchungen wieder. Hinsichtlich der Begutachtung der Ergebnisse der Untersuchungen lässt sich konstatieren, dass Alkoholentzugssyndrome bei älteren Patienten keine Besonderheiten aufweisen. Ein vermehrtes Auftreten von Komplikationen besteht nur bei der Gruppe älterer Menschen mit schweren körperlichen oder kognitiven Störungen.[140]

Medikamentenentzug im Alter

Hinsichtlich eines Entzuges von opioiden Analgetika ist im Alter von einer verlängerten Entgiftungsperiode auszugehen. Bei der Entgiftung eines Suchtmittels bei älteren Menschen ist der verlangsamte Metabolismus[141] zu berücksichtigen. Neben diesen Faktoren unterscheidet sich der Entzug nicht von dem jüngerer Menschen. Jedoch müssen bei einem Medikamentenentzug, speziell bei einem Entzug von Analgetika, auch die Aufrechterhaltung der Faktoren der Schmerzfreiheit und der emotionalen stabilen Verfassung des Patienten Rechnung getragen werden. So ist das dauerhafte Ziel der Abstinenz im Alter je nach physischer Verfassung nicht immer mit einer Aufrechterhaltung von Lebensqualität in Form von Schmerzfreiheit zu vereinen. Es lässt sich also resümieren, dass ältere Menschen, mit Ausnahme derer mit schwerwiegenden physischen oder kognitiven Komplikationen, keinen schwerwiegenderen oder längeren Entzug von Alkohol zu befürchten haben. Der Entzug bestimmter Medikamentengruppen kann aufgrund des verlangsamten Metabolismus beim älteren Menschen von längerer Dauer sein. Bei einem Abstinenzwunsch im Bezug auf den Medikamentengebrauch ist der Wunsch jedoch mit der Funktion des Medikaments in Relation zu stellen, da ein Wohlbefinden im Alter nur bei relativer Schmerzfreiheit gegeben sein kann. Ist es bereits durch eine Dauermedikation zu einer Toleranzbildung gekommen, ist eine Abstinenz jedoch ein vernünftiges Therapieziel.[142]

---

[140] WETTERLING 2000: 313-316
[141] Metabolismus: die Umwandlung von aufgenommenen oder selbst produzierten Substanzen durch den Körper
[142] DEGNER, POSER, HAVEMANN-REINECKE 2000: 320

8. Besonderheiten in der Arbeit mit suchtkranken Menschen

Neben den erwähnten Aspekten der Therapie im Alter und den Möglichkeiten der sozialarbeiterischen Intervention in der Arbeit mit älteren Menschen sollen Besonderheiten in der Arbeit mit suchtkranken Menschen erläutert werden, um sämtliche Aspekte in der Arbeit mit suchtkranken alten Menschen zu berücksichtigen. Hierzu soll zunächst der Aspekt der Ambivalenz und der Möglichkeit der Motivation in der Suchtkrankenhilfe beleuchtet werden, bevor auf Prozesse der Genesung und die Besonderheiten, welche für die soziale Arbeit durch das Empfinden von Schuld und Scham hinsichtlich der Erkrankung entstehen, eingegangen wird.

8.1 Die Motivation zur Veränderung und das Lösen der Ambivalenz

Der Prozess der Veränderung

In vielen Problembereichen, wie z.B. in der Suchtmittelabhängigkeit, finden positive Verhaltensänderungen oftmals ohne professionelle Behandlung statt. So erreichen die meisten Menschen das Beenden ihres abhängigen Verhaltens ohne Hilfe aus der Gesundheitsvorsorge oder Selbsthilfegruppen. Es zeigt sich jedoch, dass die Stadien der Veränderung mit oder ohne Behandlung dieselben sind. Somit lässt sich eine Behandlung im Kontext der Suchtkrankenhilfe als eine Intervention interpretieren, die den natürlichen Prozess der Veränderung unterstützt. Eine Beschleunigung oder Förderung von Veränderungen lässt sich oft durch relativ kurze Interventionen auslösen. So erzeugen ein oder zwei Therapiesitzungen häufig erheblich größere Verhaltensänderungen als keine Therapie. Dieses spiegelt sich auch in Studien von ambulanten Behandlungen wider, in denen sich der Großteil der Verringerungen von Alkoholkonsum bereits in den ersten oder zweiten Wochen entwickelte und dann über mehrere Jahre anhielt. Da sich jedoch ebenfalls erhebliche individuelle Unterschiede in der Zeitspanne der Therapie bis zu einer Verhaltensänderung feststellen lassen, sollten Behandlungen nicht aufgrund des Erfolges nach Kurzinterventionen generell auf wenige Sitzungen begrenzt werden.[143]

Die Ambivalenz

Als erster Schritt zu einer Verhaltensänderung ist das Entstehen der Ambivalenz zu betrachten. Ambivalenz bezeichnet den Zustand, in dem der Betroffene zwiespältige Gefühle bezüglich einer Entscheidung empfindet. Der Entscheidungsprozess hinsichtlich einer Verhaltensänderung bezüglich des abhängigen Verhaltens ist häufig unterbewusst und kann nicht rein rational entschieden werden. Alle Elemente, welche eine Entscheidung beeinflussen, können sich in ihrer Relevanz für die betroffene Person verschiedenartig entwickeln und sie sind häufig miteinander verbunden, so dass die Veränderung der Relevanz eines Elementes auch andere Elemente beeinflusst. So bestehen die Bilanzierungen der betroffenen Personen häufig aus Widersprüchen. („Ich weiß, dass es schlecht für mich ist, aber ich genieße es.") „Das Erleben von Ambivalenz kann verwirrend, bestürzend und frustrierend sein." (MILLER, ROLLNICK 2009: 35) Die Ambivalenz ist jedoch ein natürlicher Schritt im Prozess der Veränderung. Sie muss überwunden werden, um eine Verhaltensänderung zu erreichen und zu dem nächsten Schritt im Prozess der Veränderung zu gelangen. Die Begründung für die Effektivität von Kurzinterventionen könnte also in der Lösung der Ambivalenz liegen.[144]

Das Lösen der Ambivalenz – Das Entwickeln von Motivation durch das Verstehen der Diskrepanz

Im Bezug auf Veränderungen muss zunächst verstanden werden, was die betroffene Person als Resultat einer Veränderung wahrnimmt und welche Erwartungen an die Veränderung geknüpft sind. Die erwarteten Folgen auf ein Handeln können die Entscheidung, welche Verhaltensweise angestrebt wird, erheblich beeinflussen. Im Sinne einer therapeutischen Intervention

---

[143] MILLER, ROLLNICK 2009: 19-20
[144] MILLER, ROLLNICK 2009: 35

erscheint also die Frage nach den individuellen wünschenswerten Zielen eines Patienten als besonders relevant. Aus der Diskrepanz zwischen dem erwünschten Zustand und der Ist-Situation entsteht die Motivation zu einer Veränderung. Durch das Vergegenwärtigen der Diskrepanz zwischen der tatsächlichen Gegenwart und den erwünschten Zielen entsteht somit eine Auflösung der Ambivalenz. Eine konfrontative Kommunikationsweise des Therapeuten, welche darauf abzielt, dem Patienten die Diskrepanz bewusst zu machen, ruft jedoch eine Manifestierung kontraproduktiver Argumente in dem Patienten hervor, da er auf konfrontative Kommunikationsweise mit einer Verteidigung des Status Quo und einer Erklärung, warum eine Veränderung nicht möglich ist, antworten wird. Eine Veränderung wird hingegen durch eine Kommunikationsweise begünstigt, die den Patienten Aussagen treffen lässt, welche persönliche Gründe und Vorteile einer Veränderung beschreiben. Diese veränderungsbegünstigenden Aussagen werden auch als „Change-talk" bezeichnet. Change-talk lässt sich in die Kategorien der Aussagen über Nachteile des Status Quo, Aussagen über Vorteile einer Veränderung, Aussagen über Optimismus bezüglich einer Veränderung und Aussagen zur Absicht einer Veränderung einteilen.[145]

Die motivierende Gesprächsführung

Eine therapeutische Methode, durch das Hervorrufen von Change-talk eine Motivation zur Verhaltensänderung zu erreichen, besteht in der motivierenden Gesprächsführung. Die motivierende Gesprächsführung konzentriert sich auf gegenwärtige Interessen und Sorgen der Person ohne verhaltenstherapeutisch oder psychoanalytisch zu intervenieren. Sie fokussiert auf die Exploration und Entwicklung von Diskrepanzen, welche durch unvereinbare Aspekte der Erfahrungen und der Werte einer Person entstehen. Darüber hinaus ist die motivierende Gesprächsführung bewusst direktiv, indem sie auf die Auflösung von Ambivalenz abzielt, oft eine bestimmte Richtung von Veränderung erreichen will und auf möglichen Widerstand auf widerstandvermindernde Weise reagiert. Zu ihrer akzeptierenden Grundausrichtung gehört auch ein mögliches Akzeptieren von aktuellem oder weiterem Kon-

---

[145] MILLER, ROLLNICK 2009: 44-45

sum des Suchtmittels durch den Betreuten.[146] Das Ziel der motivierenden Gesprächsführung ist immer die Förderung der intrinsischen Motivation, indem sie sich an den individuellen Überzeugungen und Werten einer Person orientiert. Die motivierende Gesprächsführung erscheint in Situationen, in denen das Erteilen klarer Ratschläge, das Ausüben von Zwang oder das Vermitteln von Fertigkeiten gefragt ist, als nicht angebracht.[147]

8.2 Phasen der Suchterkrankung auf dem Weg zur Genesung

Auf dem Weg zur Genesung durchläuft der suchtkranke Mensch diverse Phasen. Diese Phasen, ihre Besonderheiten und Risiken sollen hier beschrieben werden.

1. Die Verleugnung

Als erster Schritt bei der Behandlung einer Suchtkrankheit ist die Entgiftung zu sehen. Ist diese erfolgt und hat der Betroffene die Abstinenz erreicht, bestehen zunächst keine Symptome der Abhängigkeitserkrankung und die körperliche Erholung schreitet voran. In dieser Phase der Genesung ist die Gefahr der Krankheitsverleugnung gegeben, da der suchtbetroffene Mensch die Abhängigkeit bei abstinenter Lebensführung nicht direkt verspürt. Die Verleugnung des Fortbestehens der eigenen Suchtproblematik ist eine verstehbare Reaktion, da eine Etikettierung als suchtkrank für das Individuum häufig kränkend, ehrverletzend und demütigend ist. Der suchtkranke Mensch muss das Bestehen seiner Krankheit auch bei abstinenter Lebensführung verinnerlichen, um nicht der Verlockung der Verleugnung zu erliegen. Dieses geschieht jedoch häufig erst nach mehrmaligen Rückfällen. Auch befindet sich die betroffene Person nach der Entgiftung in noch keiner psychisch stabilen Verfassung, so dass in dieser Phase häufig geringfügige Konflikte einen Rückfall auslösen können. Ein weiterer Faktor, welcher hier rückfälliges Konsumverhalten begünstigt, ist in der Persönlichkeitsstruktur vieler Suchtkranker zu sehen, welche durch narzisstische Störungen ge-

---

[146] STEFFAN 1997: 223
[147] MILLER, ROLLLNICK 2009: 46-49

prägt ist. So wird versucht, ein vermindertes Selbstwertgefühl durch das Suggerieren übertriebener Selbstsicherheit zu kompensieren. Dieses geht mit einer Überschätzung der eigenen emotionalen Stabilität einher. Dieses führt zum einem zu einem erhöhten Risiko emotionaler Verletzungen und zum anderem zu einer geringen Bereitschaft zur Akzeptierung der eigenen Erkrankung.[148]

2. Verzweiflung, Wut und Selbsthass

Hat die betroffene Person ihre Suchterkrankung eingesehen, reagiert sie häufig mit großen Schuldgefühlen, da die Erkrankung als persönliches Scheitern und Fehlverhalten interpretiert wird. Diese Schuldgefühle entladen sich in Wut auf die eigene Person, was sich negativ auf die Persönlichkeit auswirkt. Bei dem Versuch, diese negativen Emotionen zu verarbeiten, besteht die Gefahr der Bagatellisierung des Suchtverhaltens und somit ein Rückfall in die Verleugnung. Ein erneuter Rückfall verschlimmert schließlich die Schuldgefühle. Ein ständig andauerndes Gefühl der Wut und der Schuld führt zu einem negativistischen Weltbild. Häufig unternimmt der suchtkranke Mensch den Versuch sich der Verantwortung und somit dem Selbsthass zu entziehen, indem er andere Personen für seine Erkrankung verantwortlich macht. Tatsächlich sollte zur Genesung der Suchtkrankheit auch der Hintergrund für die Suchtentstehung beleuchtet werden, wobei auch ein mögliches Fehverhalten anderer Personen analysiert wird. Der entscheidende therapeutische Fortschritt besteht jedoch, indem das Festhalten an dem Schuldigen beendet wird und in dem Übernehmen der Verantwortung für das eigene Leben und Handeln.[149]

3. Aktive Trauerarbeit und Verantwortungsübernahme

Wird das Ausmaß der eigenen Erkrankung realistisch erfasst und verstanden, tritt an die Stelle der Wut die Trauer. Generell fällt es dem Suchtkranken jedoch schwer zu trauern, da es einfacher und logischer erscheint, auf

---

[148] RÖHR 2008: 24-25
[149] RÖHR 2009: 28-29

das defizitäre Verhalten mit Schuldgefühlen und Selbsthass zu reagieren. Trauern bedeutet auch, auf den Schmerz zuzugehen. Dieses wurde in der Phase des Suchtmittelkonsums jedoch vermieden, so dass die Auseinandersetzung mit dem eigenen Schmerz meist Überwindung kostet. Der erste Schritt zu einer aktiven Trauerarbeit besteht in der Krankheitseinsicht, welche aufgrund der Schuld- und Schamgefühle häufig schwer fällt. Um auf Scham adäquat zu reagieren, muss die Scham vom Therapeuten zunächst erkannt werden, was auch das Erkennen der Bedeutung der Scham als Funktion des Schutzes der Intimität impliziert. So muss aggressives und abwehrendes Verhalten im Kontext der Scham verstanden werden.[150] Als nächster Schritt ist die Akzeptanz der Krankheit zu sehen. Krankheitsakzeptanz ist eine Frage des Verstandes, der Verantwortung und der Vernunft. Zu Förderung und Stabilisierung der Akzeptanz ist das Anfertigen eines Suchtberichtes nützlich. Hier können alle Ereignisse im Zusammenhang mit der Suchterkrankung aufgeführt und reflektiert werden. Somit wird sich der Betroffene der Destruktivität des Suchtverhaltens vermehrt bewusst. Dieses ist in der Trauerarbeit von Relevanz, da eine emotionale Verarbeitung des Erlebten nur durch eine aktive Konfrontation geschehen kann. Eine empathische und wertschätzende Haltung des Therapeuten ist im Kontext der Verbalisierung der schmerzhaften Ereignisse von höchster Relevanz. [151] „Der Weg der Integration und der Heilung führt durch den Schmerz hindurch zu einem bewussten Ja zu allen Dingen." (RÖHR 2009: 35)

4. Die „Auferstehung"

Zur Genesung muss auch die Beendigung der Trauer vollzogen werden, indem sie zu einem Erkennen realistischer Konsequenzen führt und die Suchtkrankheit in das Leben integriert wird. Die Suchtkrankheit kann schließlich als ein Symptom interpretiert werden, welches auf ein tiefer liegendes psychisches Problem hinweist und somit zu einem ausschlaggebenden Faktor für den Beginn einer Veränderung zu einer wirklichen Selbstliebe, größerer Zufriedenheit und verbesserter Beziehungsfähigkeit wird.[152]

---

[150] BOHN 2007: 53
[151] RÖHR 2009: 32
[152] RÖHR 2009: 39

8.3 Macht und Ohnmacht in der beratenden und therapeutischen Beziehungsstruktur

In der Beziehung zwischen dem Therapeuten/Berater und dem suchtmittelabhängigen Menschen bestehen diverse wechselseitige Versuche zur Bestimmung des Beziehungsgeschehens. Mögliche Strategien zur Bestimmung des Beziehungsgeschehens bestehen in der Verweigerungshaltung, dem Induzieren von Hilflosigkeit und dem Abwerten des Therapeuten/Beraters.

Die Verweigerungshaltung

Die Verweigerungshaltung verleiht dem Klienten ein Gefühl von Macht über den beratend oder therapeutisch Wirkenden und löst in diesem gleichzeitig ein Gefühl der Rat- und Machtlosigkeit aus. Der Therapeut verspürt das Unvermögen, den Klienten in seiner Welt zu erreichen. Dieses gleicht dem Schema, welches der Klient eventuell in dem Scheitern des Versuchs, eine Bezugsperson emotional zu erreichen, erlebt hat. Dieses Scheitern beeinträchtigt bei dem Klienten das tragende Selbstgefühl von Urheberschaft und Wirksamkeit. In der Beziehungsverweigerung zu dem Sozialarbeiter besteht jedoch eine Möglichkeit, sich aktuell eigenmächtig zu erleben.[153]

Induzieren von Hilflosigkeit

Eine zweite Beziehungsmanipulation besteht in dem Induzieren von Hilflosigkeit. Wer sich selbst als hilflos erachtet, versucht eventuell bei seinem Gegenüber das gleiche Gefühl von Ohnmacht zu bewirken. Der seelische Rückzug in die Hilflosigkeit kann ein Ausdruck der Verzweiflung sein, er kann jedoch auch zur Instrumentalisierung machtvoller Forderungen gegenüber dem Therapeuten/Berater eingesetzt werden. Situativ ist eine direkte Hilfsfunktion oder Beratschlagung durch den Therapeuten häufig als relevant und richtig zu erachten. Ein dauerhaftes Übertragen von Verantwortung von dem Klienten/Patienten auf den Therapeuten/Berater muss

---

[153] KUNTZ 2009: 239

jedoch verhindert werden, um einen therapeutischen Fortschritt zu erreichen und nicht in die Co-Abhängigkeit zu entgleiten.[154]

Das Abwerten des Therapeuten/des Beraters

Die Grunderfahrungen im zwischenmenschlichen Kontext des Klienten sind
häufig durch Missachtung und Hemmung der Selbstbehauptung geprägt.
Wertschätzender und respektvoller Umgang wurden somit nur selten oder
bruchstückhaft erlebt. Auf eine wertschätzende und empathische Haltung
des Therapeuten/Beraters wird eventuell mit einer entwertenden Abwehr
reagiert, da dieses das weniger vertraute Beziehungsschema darstellt und
zu peinlicher Berührung des Klienten führt.[155] „Ihre Reaktion sind ein trauri-
ger Hinweis auf die Beziehungsrealitäten einer kalten Gesellschaft." (KUNTZ
2009: 240) Kommt es zu keinem direkten produktiven therapeutischen Dia-
log, besteht die Gefahr einer Entwertungsspirale, welche zu einer lähmen-
den Ohnmacht in der beratenden oder therapeutischen Beziehung führt.

Hinweise für – und Reaktion auf machtvolle Beziehungsmanipulation

Ein Hinweis für das Bestehen einer machtvollen Beziehungsmanipulation
besteht, wenn der Sozialarbeiter vermehrte Empfindungen der Verwirrung
wie Unklarheit, Lähmungsgefühle und wachsenden Handlungsdruck entwickelt. Hierdurch spiegelt sich die innere Welt des Klienten in dem Bera-
ter/Therapeuten wider. Es besteht die Gefahr eines Zweikampfes um Kompetenz oder Unfähigkeit, welcher schließlich in einer negativen Diagnostik
in Form einer Abqualifizierung des Klienten enden wird. Ein möglicher Umgang mit einer solchen Beziehungssituation besteht in dem überlegten An-
sprechen der eigenen Gefühle, wodurch der eigenen Authentizität Rechnung getragen wird und ein Grenzstein in dem Unterschied zwischen The-
rapeut/Berater und Patient/Klient gelegt wird, welcher schließlich der Dynamik des therapeutischen Dialogs zuträglich ist.[156]

---

[154] KUNTZ 2009: 239
[155] KUNTZ 2009: 240
[156] KUNTZ 2009: 241

8.4 Krisen während der Therapie

Neben den beschriebenen Komplikationen, welche in den einzelnen Phasen der Genesung und der Beziehung zwischen dem Berater und dem Klienten bzw. zwischen dem Therapeuten und dem Patienten entstehen können, bestehen weitere mögliche Komplikationen in dem Therapieverlauf, welche aus sozialarbeiterischer Perspektive Berücksichtigung finden müssen. Diese weiteren Komplikationen können als Krisen während der Therapie definiert werden.

Therapieabbruch

Eine Komplikation, welche den gesamten Erfolg einer Therapie bedroht, besteht in dem Therapieabbruch. „Ein Therapieabbruch ist immer einem Rückfall gleichzusetzen." (RÖHR 2009: 157) Der Betroffene möchte durch einen vorzeitigen Therapieabbruch eine schnelle Erlösung und Erleichterung von Mühen und Aufwendungen, welche eine Therapie beinhaltet und bedient sich damit desselben Schemas, wie ihn auch der Suchtmittelkonsum beinhaltet. Die emotionale Stabilität ist zu dem Zeitpunkt des Abbruchs jedoch meist noch nicht gegeben. Bereits auf dem Heimweg wird der Betroffene von erneuten Schuldgefühlen geplagt, was das Risiko eines erneuten Rückfalls zusätzlich erhöht. So werden nahezu alle Patienten, die ihre Therapie abbrechen, rückfällig. Neben der Gefahr, welche somit durch Abbruchgedanken besteht, stellen diese Gedanken jedoch ebenfalls eine Chance für den weiteren Therapieverlauf dar, da Gründe für einen Therapieabbruch häufig den Gründen für rückfälliges Verhalten gleichkommen. Somit führt die Thematisierung dieser Beweggründe zu dem eigentlichen Kern der individuellen Problemlage des Betroffenen.[157]

Stillstand während der Therapie

Häufig wird die erste Phase einer Therapie als besonders intensiv empfunden. In Relation zu dieser Phase erscheinen spätere Therapiephasen als

---

[157] RÖHR 2009: 158

weniger oder gar nicht effizient und der Betroffene entwickelt den Glauben, keinen zusätzlichen Erfolg erreichen zu können bzw. bereits den endgültigen Therapieerfolg erreicht zu haben. Diese Einschätzung basiert jedoch meistens auf Selbstüberschätzung. Nach der Bewältigung einer solchen Phase des empfundenen Stillstandes kommt es häufig zu einer Neuinterpretierung dieser Phase als eine Phase, in der Selbstzufriedenheit auch ohne das ständige Erreichen neuer Erfolge erworben wurde.[158]

Rückfall während der Therapie

Neben Verhaltensrückfällen, welche aufgrund der Möglichkeit der Reflexion auch von effektiver Bedeutung sind, besteht in dem Suchtmittelrückfall eine besondere Bedrohung für den Therapieprozess. Da eine Rückfälligkeit Aufschluss über das zentrale Problem des Betroffenen gibt, ist eine intensive Fortsetzung der Behandlung häufig angezeigt. Eine Ausnahme besteht jedoch bei der Absicht des Patienten, das Konsumverhalten aufrechtzuerhalten, da eine weitere therapeutische Intervention in diesem Fall nicht erfolgsversprechend oder angebracht wäre. Bei der Thematisierung eines Rückfalls ist die besondere Kränkung des Selbstwertgefühls des Betroffenen zu berücksichtigen. Erst wenn die grundlegenden Probleme aufgearbeitet wurden, auf denen ein Rückfall basiert, ist das Vermeiden weiterer Rückfälle wahrscheinlich.[159]

---

[158] RÖHR 2009: 160
[159] RÖHR 2009: 160

9. Zwischenfazit

Hinsichtlich der Betrachtung der Besonderheiten der spezifischen Gruppe älterer suchtkranker Menschen lässt sich konstatieren, dass diverse Faktoren für eine sozialarbeiterische Intervention Berücksichtigung finden müssen. So ist eine adäquate therapeutische Behandlung oder Beratung nur unter der Einbeziehung sucht- und altersspezifischer Komponenten gegeben. Es zeigt sich, dass die Thematisierung alterstypischer Schwerpunkte, wie Verlusterlebnisse und -ängste oder die Alltagsbewältigung mit zunehmenden Einschränkungen in die Therapie älterer suchtkranker Personen einbezogen werden muss, um eine realitäts- und lebensnahe Basis für eine Verhaltensänderung zu erlangen. Hinsichtlich der therapeutischen oder beratenden Beziehung zum dem älteren Klienten/Patienten mit Suchtproblemen lässt sich eine besondere Relevanz resümieren. Aufgrund einer skeptischen Haltung gegenüber der Annahme von Hilfe und des Eingestehens eigener Schwäche, welche in der älteren Bevölkerungsgruppe aufgrund diverser Sozialisationsfaktoren häufig vertreten ist, ist die Bedeutung der Scham in diesem Kontext von besonderer Relevanz. Ein wertschätzender und wenig bzw. nicht konfrontativer Umgang scheinen hier angemessen. Eine Motivierung des älteren suchtkranken Menschen lässt sich durch eine Verdeutlichung der Diskrepanz zwischen dem inneren Anspruch an das eigene Verhalten des Betroffenen und der gegenwärtigen, defizitären Situation bzw. dem tatsächlichen Verhalten erreichen. Hierbei scheint die motivierende Gesprächsführung geeignet zu sein, da sie auf das Hervorrufen von „Change-Talk" abzielt, wodurch die Ambivalenz durch die Vergegenwärtigung der Diskrepanz gelöst und eine Betonung der Ressourcen und der günstigen Prognose gefördert werden. Auch lassen sich hinsichtlich der suchttherapeutischen Intervention im Alter positive Genesungsprognosen konstatieren, diese stehen jedoch in Relation zu einer geringen Teilnahme älterer Menschen an suchttherapeutischen oder beratenden Angeboten. Die beschriebene Verhaltenstherapie scheint für die Suchttherapie älterer Menschen besonders geeignet zu sein, da sie dem älteren Individuum durch das Fokussieren auf situationsbezogene, handelnde Auseinandersetzung mit der äußerlichen Realität eine Vermittlung von Sicherheit und Orientierungsmöglichkeiten impliziert und in ihr keine eventuell zunächst verunsichernden und abschreckenden Aspekte der Hinterfragung subjektiver Wahrheiten bestehen. Bezüglich der Phasen der Genesung liegt eine besondere Relevanz auf der Überwindung der Phasen der Wut und der Trauer. Diese kann vor allem durch die Entwicklung einer Perspektive erlangt werden, welche von dem Individuum als positiv erlebt und empfunden wird. Bei der Gruppe der älteren suchtkranken Menschen steht dabei häufig eine Steigerung des Selbstwertgefühls durch die (Wieder)Erlangung der Fähigkeit zur Verantwortungsübernahme im Vordergrund. Die Betrachtung des Entzugs im Alter zeigt, dass in der Regel keine altersspezifischen Verschlimmerungen des Alkoholentzuges festzustellen sind. Die Entgiftung von Medikamenten ist aufgrund des verlangsamten Metabolismus im Alter verlängert. Eine wichtige Komponente bei dem Entschluss, ein Medikament abzusetzen, besteht in der Differenzierung des reinen Missbrauchs und der Funktion des Medikaments hinsichtlich einer Schmerztherapie. Hier sind ggf. mögliche Alternativen zu einem Medikament, welches eine Abhängigkeit auslöst oder ausgelöst hat, zu untersuchen. Hinsichtlich möglicher Komplikationen in der Beziehung zwischen dem Berater/Therapeut und dem älteren Suchtkranken lässt sich resümieren, dass machtvolle Beziehungsmanipulationen in jeder Alterskonstellation möglich erscheinen, wobei eine vermehrtes Risiko aufgrund der besonderen Situation eines jüngeren Sozialarbeiters und eines älteren Suchtkranken denkbar, aber nicht nachgewiesen ist. Krisen, welche während der Therapie auftreten können und den Erfolg der Therapie gefährden, scheinen ebenfalls altersunabhängig und ihr Auftreten somit auch bei dem älteren Menschen möglich. Hinsichtlich der Analyse der Besonderheiten im beratenden und therapeutischen Umgang mit älteren suchtkranken Menschen sollen im Folgenden sich ableitende Anforderungen an die Interventionen der sozialen Arbeit erläutert werden.

10. Schlussfolgerungen für die Anforderungen an die soziale Arbeit

Die Anforderungen und Aufgaben der sozialen Arbeit im Umgang mit älteren suchtmittelabhängigen Menschen sollen in Anforderungen, welche sich auf therapeutische und beratende Interventionen richten und auf Reaktionsmöglichkeiten der sozialen Arbeit, welche sich auf alterstypische Defizite im Allgemeinen beziehen und somit auch als Präventionsarbeit zu verstehen sind, differenziert werden.

10.1 Anforderungen an die soziale Arbeit im Kontext der Therapie und Beratung

Das spezifische Anforderungsprofil, welches für die soziale Arbeit hinsichtlich der therapeutischen und beratenden Arbeit mit älteren Abhängigkeitserkrankten entsteht, benötigt für eine adäquate Intervention spezifische suchttherapeutische Angebote. Diese sind im Bereich der Beratungsstellen, der Selbsthilfegruppen sowie im Bereich der tagesklinischen und stationären Therapieeinrichtungen denkbar. Die Unterrepräsentierung Älterer in den Angeboten der Suchthilfe weist darauf hin, dass diese Personengruppe durch das bestehende Angebot nicht oder nur unzureichend erreicht werden konnte.[160] Dieses resultiert auch aus Widersprüchen, welche bei der Gegenüberstellung der Lebenssituation älterer Menschen und der Grundsätze der Suchtkrankenhilfe deutlich werden. So wird die eigenmächtige Kontaktierung des Angebotes der Suchtkrankenhilfe als eine nötige Initiative interpretiert, aus der die nötige Freiwilligkeit zur Veränderung hervorgeht. Hinsichtlich der Lebenssituation älterer Menschen, welche häufig durch Immobilität geprägt ist[161] und unter Berücksichtigung der Isolierungstendenzen, welche nicht zuletzt durch den Scham für die eigene Situation begründet sind, erscheint eine aufsuchende Form der Sozialarbeit angebracht. Diese könnte durch eine engere Kooperation zwischen der Drogen-

---

[160] WÄCHTLER 2000: 229
[161] JANSSEN 1992: 301

hilfe und der Alten- und Pflegehilfe umgesetzt werden. Derzeit bestehen die diversen Initiativen und Vereine der Drogen- und der Altenhilfe nebeneinander. Der kooperative Kontakt und inhaltliche Ergänzung bleiben jedoch noch eine Ausnahme.[162] Ein möglicher Ansatz der aufsuchenden Suchtarbeit ist z.B. in Informationsgruppen zu sehen, welche Alten- und Pflegeheime aufsuchen. Darüber hinaus sollte sich die Entwicklung geeigneter Versorgungsstrukturen an den Bedürfnissen der Zielgruppe orientieren. Hierzu gehören vor allem Angebote in Wohnortsnähe, was sich insbesondere auf die Erreichbarkeit von Beratungsstellen und Therapieeinrichtungen bezieht. „Der meist großen räumlichen Distanz zwischen der Wohnung des Betroffenen und den vorhandenen Therapieeinrichtungen steht entgegen, daß bei alten Menschen die körperlichen Bewegungseinschränkungen oft zu einer Verringerung der allgemeinen Mobilität führen." (JANSSEN 1992: 302) Das Angebot ambulanter Beratungsangebote zeigt eine Möglichkeit der aufsuchenden Intervention auf. Das suchttherapeutische Angebot diverser Fachkliniken sollte mit altersspezifischen Angeboten erweitert werden. Zur wohnortnahen therapeutischen Intervention wäre auch eine Kooperation zwischen sucht- und gerontopsychiatrischen Krankenhausabteilungen denkbar.[163] Die Zielsetzung der Interventionen sollte auf alterstypische Themen und Defizite gerichtet sein, eine Alltagsbewältigung ermöglichen und eine positive Lebensbilanz fördern. Eine grundlegende Persönlichkeitsveränderung im Sinne der Aufarbeitung tiefenpsychologischer Störungen scheint in der Regel als Zielsetzung nicht erstrebenswert oder praktizierbar. „Zu den präventiven und therapeutischen Maßnahmen gehören ein „realistischer Optimismus", das verstehende Gespräch, Hilfe bei psychosozialen Problemen und die adäquate Therapie körperlicher Erkrankungen und psychischer Störungen." (WÄCHTLER 2000: 229) Aus sozialpolitischer Perspektive soll hier kurz ergänzt werden, dass ein grundlegendes Defizit in der Zuteilung älterer Süchtiger in stationäre Therapien und ihre Kostenübernahme auf der Zielsetzung der Rehabilitation basiert. Eine Kostenbewilligung für die Therapie alter Menschen von der Prognose der Rückführung auf den Arbeitsmarkt abhängig zu machen, erscheint jedoch nicht sinnvoll und impliziert eine Benachteiligung älterer Menschen mit Abhängigkeitsproblemati-

---

[162] VOGT 2009: 30
[163] WÄCHTLER 2000: 231

ken.[164] In der adäquaten Reaktion auf alterstypische Defizite und Problemlagen besteht hinsichtlich der Suchtproblematik sowohl eine präventive Wirkung durch die Förderung einer Lebenssituation, welche einer abhängigkeitsfreien Lebensgestaltung zuträglich ist als auch eine Möglichkeit der positiven Beeinflussung eines Suchtverlaufs.

10.2 Reaktionsmöglichkeiten auf alterstypische Defizite

Unter Berücksichtigung eines auf Kompensierungs- und Resignierungstendenzen basierenden Suchtverhaltens älterer Menschen gewinnt die sozialarbeiterische Intervention hinsichtlich der situativen Lebenslage älterer Menschen vermehrt an Bedeutung für das Verhindern oder Beeinflussen einer Suchtentstehung bzw. eines Suchtverlaufs. Daher sollen im Folgenden mögliche Reaktionsmöglichkeiten auf alterstypische Problemlagen vorgestellt werden.

Reaktion auf Defizite in der Folge einer verminderten Leistungsfähigkeit

Um einen kompletten Rückzug aus der Gesellschaft aufgrund der verminderten Leistungsfähigkeit im fortgeschrittenem Alter zu verhindern, aber auch um einer überfordernden rastlosen Aktivität im Alter, die dem aktiven Prozess des Akzeptierens der Leistungsminderung hinderlich ist, entgegenzuwirken, scheint es förderlich, eine Optimierung der Lebensverhältnisse alter Menschen durch Selektion und Kompensation zu erreichen. Selektion bedeutet in diesem Zusammenhang eine bewusste Auswahl des betroffenen Menschen auf für ihn aktuell wichtige Lebensbereiche und eine, den verfügbaren körperlichen, geistigen und sozialen Ressourcen angepassten Beschränkung der Aktivitäten. Kompensation meint hier das Ausgleichen körperlicher und mentaler Schwächen oder irreversibler Einschränkungen durch den Rückgriff auf technische Hilfen und das Einbeziehen sozialer Unterstützung sowie Pflege.[165] Zur Erhaltung bzw. Förderung der Wertschätzung der eigenen Persönlichkeit des alten Menschen kann

---

[164] WÄCHTLER 2000: 231
[165] WIRSING 2000 :129

der Biographiearbeit eine tragende Rolle zukommen. Durch sie wird die betroffene Person in seiner Ganzheitlichkeit betrachtet und nicht nur in seinem aktuellen Zustand des Hilfebedürftigen. So kann das Selbstwertgefühl, welches der alte Mensch eventuell über seine damalige Berufstätigkeit bezogen hat, durch das Erinnern an die Tätigkeit und eine gleichzeitige Wertschätzung gestärkt werden. Das Erinnern kann z.B. durch das Ausführen altvertrauter Tätigkeiten bzw. ihrer Bewegungsabläufe oder durch das Befragen nach diesen Tätigkeiten geschehen. Häufig stellt der alte Mensch hierbei fest, dass er bestimmte Handgriffe oder fachspezifisches Wissen über Jahrzehnte nicht verlernt hat. Während sich bei Männern meist klassische, handwerkliche Tätigkeiten anbieten, werden die Frauen dieser Generation häufig über hauswirtschaftliche Tätigkeiten erreicht, wie z.B. dem gemeinsamen Backen.[166] Auf diese Weise wird an Ressourcen erinnert und der alte Mensch nimmt aktiv an einem Prozess teil und kann sich als einen wichtigen Bestandteil eines Arbeitsprozesses betrachten. Durch die individuell angemessene Aktivierung des alten Menschen kann auch im Altenpflegeheim eine Tagesstrukturierung gelingen, welche zu einer neuen Zeitgestaltung des alltäglichen Lebens führt und den Alltag mit neuen Aufgaben inhaltlich füllt.

Reaktion auf Krankheit und Pflegebedürftigkeit

Zunächst ist die Schmerztherapie alter Menschen mit Erkrankungen in der Altenarbeit als relevant zu erachten, da Schmerzen Gefühle der Resignation und Hilflosigkeit erwachsen lassen können und somit bei einer ungenügenden Schmerzmedikation bereits keine oder eine nur ungenügende Basis für effektives Arbeiten mit dem alten Menschen gegeben wäre. Die von Krankheit und Pflegebedürftigkeit betroffenen Menschen haben manchmal Schwierigkeiten, ihre Situation zu akzeptieren und somit zu verarbeiten. Diese Menschen weisen häufig problembehaftete Verhaltensweisen, wie regressive Verhaltensweisen, Verdrängung, Egozentrizität oder auch aggressives oder depressives Verhalten auf, was wiederum eine Herausforderung für den Umgang mit den betroffenen Menschen darstellen kann. Es ist also von Bedeutung, diese Verhaltensweisen als Lösungsversuche in

---

[166] OSBORN, SCHWEITZER, TRILLING 1997 :56

der schwierigen Lebenssituation zu erkennen und zu verstehen. Auffallende Verhaltensweisen des Bewohners sollten im Team besprochen und analysiert werden und es muss versucht werden, individuelle Lösungsmöglichkeiten zu finden. Wichtig ist es, aggressives Verhalten nicht persönlich zu verstehen und Lösungen zu suchen, anstatt mit Gegendruck zu reagieren. Generell sind die emotionalen Bedürfnisse des Bewohners und deren Wertschätzung in den Vordergrund zu stellen. Die Pflege sollte gezielt die Ressourcen des Menschen fördern. Darüber hinaus muss der Mensch immer in seiner Ganzheitlichkeit erachtet und gesehen werden und darf nicht auf seine Erkrankung oder Behinderung begrenzt werden.[167]

Reaktion auf Verlust der eigenen Wohnung durch Heimeintritt

Vor dem Einzug in eine Altenpflegeeinrichtung sollten realitätsnahe Informationen über die neue Wohnsituation eingeholt werden. Hierzu gehört auch der Vergleich verschiedener Einrichtungen und Einrichtungsformen, die Information über die finanzielle Abwicklung, über wahrscheinliche Änderungen der Lebensführung und über die Rechte und Pflichten der Heimorganisation. Diese Informationen können nicht nur durch Prospekte, sondern auch durch Gespräche mit Mitarbeitern, Bewohnern oder einem „Wohnen auf Probe" sowie Aufenthalten in der „Kurzzeitpflege" gewonnen werden. Faktoren wie die Lage der Einrichtung (eher abgelegen oder zentral, in der Nähe des eigenen Wohnortes) und soziale Anknüpfpunkte (eventuell Bekannte in der Einrichtung) sollten bei der Entscheidung im optimalen Fall berücksichtigt werden können. Ebenso können die Möglichkeiten der Freizeitgestaltung hinsichtlich der Entscheidung betrachtet werden. Durch eine gezielte Vorbereitung können psychische Komplikationen im Zuge des Heimeinzugs verringert werden[168], da die neue Umgebung somit vertrauter ist und der Anpassungsprozess an die neue Umgebung leichter fallen kann. Als hilfreich ist es auch zu erachten, wenn Gegenstände, die ein Gefühl der Kontinuität vermitteln, in die Einrichtung mitgebracht werden können und ein eigener Wohnbereich individuell gestaltet werden kann. Das Respektieren und Schützen der Privatsphäre sollte darüber hinaus von dem Personal

---

[167] WIRSING 2000 :209
[168] WIRSING 2000 :155

beachtet werden. Um einer sozialen Isolierung alter Menschen entgegenzuwirken bzw. das Risiko der gesellschaftlichen Entgleisung zu verhindern, können alte Menschen bei Bedarf unterstützt werden, bestehende Kontakte zu pflegen und verlorengegangene eventuell zu ersetzen. So sollte z.B. die Kontaktaufnahme zu Bekannten und Verwandten außerhalb der Einrichtung unterstützt werden, indem der alte Mensch motiviert wird und auf seine Bedenken, einen Kontakt aufzunehmen (z.B. Scham aufgrund von Inkontinenz), ernst genommen und nach Lösungsvorschlägen gesucht werden. Darüber hinaus sollte der alte Mensch über ein ausreichend ausgebautes Kommunikationssystem verfügen (z.B. Möglichkeit der telefonischen Kontaktaufnahme). Außerdem können durch gemeinsame Veranstaltungen innerhalb der Institution soziale Kontakte unter den Bewohnern gefördert werden, wobei jedoch auch ein Rückzugswunsch akzeptiert werden muss, da das Bedürfnis nach Gemeinschaft individuell unterschiedlich ausgeprägt ist.

Reaktion auf Verlust des Partners

Der Verlust des Partners kann nach einer Trauerzeit manchmal über das vermehrte Ausleben eigener Freizeitinteressen kompensiert werden.[169] Droht der betroffenen Person ein Identitätsverlust durch den Verlust des Partners, gilt es dieses durch Biographiearbeit aufzuarbeiten.

Reaktion auf Zeitlichkeit und Angst vor dem Tod

Der Langeweile und der verkürzten Zeitwahrnehmung durch das zyklische Zeitempfinden im Alter kann durch eine den Ressourcen angepasste Aktivitätsförderung im Bereich der Altenpflegeheime entgegengewirkt werden. Alte Menschen, die zufrieden auf ihr Leben zurückblicken, entwickeln häufig weniger Angst vor dem Tod. Daher sollte der alte Mensch bei seiner Vergangenheitsbewältigung nach Möglichkeit unterstützt werden, wenn dieses der individuelle Wunsch des Bewohners ist. Dieses kann z.B. durch eine Kontaktaufnahme zu Angehörigen geschehen. Häufig besteht zudem

---

[169] HOLLSTEIN 2002 :29

der Wunsch zur Klärung organisatorischer Einzelheiten, wie der Testamentserstellung, der Regelung der Bestattungsprozedur, medizinische Fragen der Sterbebegleitung sowie zur Aussprache mit Angehörigen. Von großer Bedeutung ist häufig die Möglichkeit der Gesprächsführung über den Tod und das Sterben, aber auch über Erinnerungen, Ängste und Schuldgefühle. Diese Gespräche werden häufig als große Erleichterung erlebt und verringern die Angst vor dem Tod. [170]

Es lässt sich also resümieren, dass sich für die Soziale Arbeit hier ein umfangreicher Tätigkeitsbereich erstreckt. So gilt es, den alten Menschen bei Defiziten im Bereich des Selbstwertgefühls, der sozialen Unterstützung, bei dem Einleben und im Alltag in Institutionen der Pflegeeinrichtungen und bei der Akzeptanz der Situation hilfreich begleiten zu können und somit diese Lebensphase positiv gestalten zu können. So sollte die Lebensphase des Alters als Chance betrachtet werden, das Leben positiv reflektieren zu können und Interessen, Kontakte und Ressourcen zu pflegen und die eigene Sterblichkeit zu akzeptieren und zu verarbeiten. Um das Alter positiv zu gestalten, eröffnen sich unterschiedliche Möglichkeiten für die Soziale Arbeit. So kann über die Biographiearbeit an Leistungen und Ereignisse erinnert werden, was häufig verloren geglaubte Identitäten und Wertschätzung vergegenwärtigt. Darüber hinaus kann der pflegebedürftige Mensch bei seiner Tagesgestaltung unterstützt und gefördert werden, wobei die soziale Arbeit auch behilflich sein kann, das individuell angemessene Verhältnis zwischen Aktivität und Ruhephasen zu finden. Vor allem bei einem Einzug in eine Altenpflegeeinrichtung sollte der alte Mensch betreut, beraten und begleitet werden, um die neue Wohnsituation optimal gestalten zu können. Bei der Auseinandersetzung mit der eigenen Vergänglichkeit ist häufig ein großer Gesprächsbedarf vorhanden, der nicht immer von Angehörigen und Pfleger/innen gedeckt wird bzw. gedeckt werden kann. Ebenfalls hier wird die soziale Arbeit ein wichtiger Bestandteil der Altenarbeit. Hinsichtlich der Durchführung oder Unterstützung therapeutischer Maßnahmen ist festzuhalten, dass das Fokussieren auf situationsbezogene, handelnde Auseinandersetzungen mit der Umwelt, welches auf ein Zurechtkommen mit der äußeren Realität abzielt, für den alten Menschen besonders geeignet

---

[170] WIRSING 2000 :260ff

scheint, wobei aufgrund der besonderen Lebenssituation älterer Menschen altersspezifische soziale Maßnahmen im Rahmen eines integrierten Gesamtbehandlungskonzeptes von hoher Relevanz in der Behandlung des alten Menschen sind.

11. Fazit

Als abschließendes Fazit lässt sich festhalten, dass neben der Mehrheit der „Jungen Alten", welche auf ausreichend finanzielle, gesundheitliche und soziale Ressourcen zurückgreifen können und deren Lebensgestaltung häufig durch eine aktive Lebensführung geprägt ist, eine Risikogruppe für abhängiges Verhalten besteht. So können Faktoren wie die Verjüngung und die Entberuflichung im Alter, die Singularisierung und das Erreichen der Hochaltrigkeit einen Verlust von Orientierung und Sicherheit bedeuten. Dieses ist vor allem bei negativ verlaufenden Alterungsprozessen wahrscheinlich, wenn diese physische, psychische und soziale Einschränkungen und daraus erwachsende Problemlagen zur Folge haben. Häufig zeigt sich in dem Alterungsprozess und in den Ressourcen im Alter auch eine Intensivierung der sozialen Ungleichheit im Alter, da beide durch berufliche, familiale und soziale Faktoren geprägt sind. Je nach individuellem Alterungsprozess und individueller Lebenssituation im Alter kann eine altersspezifische Notsituation erwachsen, welche durch Gefühle der Wert- und Nutzlosigkeit, wie durch Ängste vor dem Sterben, dem Tod, aber auch vor Einsamkeit oder dem Fortschreiten eines Krankheitsverlaufs begründet sein kann. Hieraus kann eine altersspezifische Suchtanfälligkeit resultieren, welche sowohl durch vermehrte Singularisierungstendenzen und der Scham des Betroffenen hinsichtlich seines defizitär empfundenen Handelns, als auch durch die Schwierigkeit der Differenzierung der Symptome einer Suchtmittelabhängigkeit und der Symptome des physiologischen Abbauprozesses häufig unentdeckt bleiben kann. Auch die beschriebenen Hintergründe einer Suchtentwicklung bestätigen die Relevanz der Befriedigung prägender emotionaler Grundbedürfnisse in den jeweiligen Lebensphasen. Hinsichtlich der Arbeit im Bereich der Sucht im Alter ist ein Schwerpunkt auf eine Sinngebung durch die Übernahme von Verantwortung, aus welcher Selbstwertgefühl erwachsen oder zurückgewonnen werden kann, als auch auf die Förderung einer positiven Lebensbilanzierung, zu legen. Die beschriebenen epidemiologischen Untersuchungen zu Suchtvorkommen im Alter haben gezeigt, dass sowohl Medikamenten-, als auch Alkoholabhängigkeit im Alter relativ verbreitet sind. Während die Medikamentenabhängigkeit als alterstypisch bezeichnet werden kann und vermehrt in der weiblichen Bevölkerung verbreitet ist, geht der Alkoholkonsum im Alter anscheinend zurück, wobei von einer hohen Dunkelziffer ausgegangen werden muss. Hier sind vor allem eine Funktionalisierung von Medikamentenvergaben in stationären Altenhilfeeinrichtungen zur kurzfristigen Erleichterung von Arbeitsabläufen und die Verschreibungspraxis der Ärzte zu hinterfragen. Hinsichtlich der Alkoholabhängigkeit scheint ein Defizit in der Kompetenz im Umgang suchtspezifischer Fragen in den Altenhilfeeinrichtungen eine adäquate Versorgung zu erschweren. Hinsichtlich der Beratung und der Therapie suchtmittelabhängiger alter Menschen lässt sich eine Relevanz der Thematisierung altersspezifischer Schwerpunkte konstatieren, wobei ein wertschätzender und wenig konfrontativer Umgang des Therapeuten/Beraters in der Beziehung zum dem alten Menschen in der Regel nötig sind, um den älteren Menschen erreichen zu können. Zu dem Verdeutlichen der Diskrepanz zwischen den eigenen Werten und Ansprüchen des Betroffenen und seinem tatsächlichem Handeln, besteht in der motivierenden Gesprächsführung eine mögliche Handlungsweise der Beratung. Im therapeutischen Kontext scheint die Verhaltenstherapie besonders geeignet, da sie auf den Umgang mit äußeren Realitäten fokussiert und somit Sicherheiten und Orientierungsmöglichkeiten impliziert. Während die beschriebenen Therapieprognosen für ältere Menschen sehr positiv sind, besteht in der Unterrepräsentierung älterer Menschen in den Angeboten der Suchthilfe ein Defizit. Hier muss die Strukturierung der Hilfsangebote der Suchtarbeit auf ihre Ausrichtung auf den alten Menschen hinterfragt werden. Eine vermehrt aufsuchende Sozialarbeit, welche z.B. durch eine Kooperation von Drogen- und Altenhilfe ermöglicht werden könnte, scheint ebenso angezeigt wie ein wohnortnahes Angebot an Beratungs- und Therapiemöglichkeiten. Besondere Relevanz kommt der sozialen Arbeit hinsichtlich der Arbeit mit alten Menschen und alten Menschen mit Abhängigkeitsproblematiken in der Alltagsbewältigung hinzu, wenn eine defizitäre Befriedigung emotionaler Bedürfnisse als die Basis des Suchtgeschehens interpretiert wird.

Mit Ausblick auf die zukünftige Entwicklung ist zum einem zu erwarten, dass sich das Gebiet der Suchtarbeit in der Altenarbeit durch das Altern der „68er Generation" bzw. durch den Struktur- und Generationenwandel des

Alters Sucht im Alter facettenreicher gestalten wird, da sich in dieser Generation auch der Konsum illegaler und spezifischer Substanzen vermehrt hat. Auch ist davon auszugehen, dass es für diese Generation selbstverständlicher ist, ärztliche und therapeutische Hilfen in Anspruch zu nehmen, was zum einem zukünftig eine erhöhte Nachfrage von Suchtarbeit im Alter bedingen und zum anderem zu neuen Aufgaben und Herausforderungen in der Suchtarbeit, wie z.B. dem Betreuen von Langzeitsubstituierten, führen könnte.

Literaturverzeichnis

AMANN, A.: Lebenslage und Sozialarbeit- Elemente zu einer Soziologie von Hilfe und Kontrolle, Duncker & Humblot, Berlin 1983

AMANN, A., KOLLAND, F.(Hrsg.): Das erzwungene Paradies des Alters ? Fragen an eine kritische Gerontologie, 1. Auflage, VS Verlag für Sozialwissenschaften/GWV Fachverlage GmbH, Wiesbaden 2008

BACKES, G. M., CLEMENS, W.: Lebensphase Alter- Eine Einführung in die sozialwissenschaftliche Alternsforschung, Juventa Verlag, Weinheim und München 1998

BÄCKER, G., NAEGELE, G., BISPINCK, R., HOFEMANN, K., NEUBAUER, F.: Sozialpolitik und soziale Lage in Deutschland 1: Grundlagen, Arbeit, Einkommen und Finanzierung: BD 1

BIEDENKOPF, K. , BERTRAM, H., NIEJAHR, E.: Starke Familie - Solidarität, Subsidiarität und kleine Lebenskreise: Bericht der Kommission "Familie und demographischer Wandel", 1. Auflage, Robert Bosch Stiftung 2009

BOHN, C.: Zur Bedeutung der Scham im professionellen Kontext sozialer Arbeit, In: Theorie und Praxis der Sozialen Arbeit, Nr. 4/2007

DEGENER, D., POSER, W., HAVEMANN- REINECKE, U.: Besonderheiten von Opioid-Abhängigkeiten und – Entzug im Alter. In: KRETSCHMAR, C. , HIRSCH, R. D., HAUPT, M., IHL, R., STOPPE, G., WÄCHTLER, C. (Hrsg.): Angst- Sucht- Anpassungsstörungen im Alter, Schriftenreihe der Deutschen Gesellschaft für Gerontopsychiatrie und -psychotherapie, Düsseldorf, Bonn, Saarbrücken, Göttingen, Hamburg 2000

DEUTSCHE HAUPTSTELLE GEGEN SUCHTGEFAHREN (Hrsg.): Medikamentenabhängigkeit- Schriftenreihe zum Problem der Suchtgefahren, Band 34, Lambertus Verlag, Freiburg im Breisgau 1992

DEUTSCHE HAUPTSTELLE FÜR SUCHTFRAGEN (Hrsg.): Jahrbuch Sucht 2010, Neuland Verlagsgesellschaft mbH, Geesthacht 2010

FEUERLEIN, W.: Therapeutische Aspekte der Alkoholkrankheit bei älteren Menschen. In: KRETSCHMAR, C. , HIRSCH, R. D., HAUPT, M., IHL, R., STOPPE, G., WÄCHTLER, C. (Hrsg.): Angst- Sucht- Anpassungsstörungen im Alter, Schriftenreihe der Deutschen Gesellschaft für Gerontopsychiatrie und -psychotherapie, Düsseldorf, Bonn, Saarbrücken, Göttingen, Hamburg 2000

FLEISCH, E., HALLER, R., HECKMANN, W. (Hrsg.): Suchtkrankenhilfe- Lehrbuch zur Vorbeugung, Beratung und Therapie, Band 13, Beltz Verlag, Weinheim und Basel 1997

GEYER, D.: Therapeutische Beziehungen zu älteren Suchtkranken, In: Sucht Magazin Nr. 3/2009

GROSS, P.: Die Multioptionsgesellschaft, Suhrkamp Verlag, Frankfurt 1994

HAVEMANN-REINECKE, U., WEYERER, S., FLEISCHMANN, H. (Hrsg.): Alkohol und Medikamente, Mißbrauch und Abhängigkeit im Alter, Lambertus Verlag, Freiburg im Breisgau 1998

HEUFT, G., TEISING, M. (Hrsg.): Alterspsychotherapie – Quo Vadis ? – Grundlagen, Anwendungsgebiete, Entwicklungen, Westdeutscher Verlag, Opladen/Wiesbaden 1999

HOLLSTEIN, B.: Struktur und Bedeutung informeller Beziehungen und Netzwerke. Veränderungen nach dem Tod des Partners im Alter. In Tesch-Römer u.a. (Hrsg.) Lebensqualität im Alter. Generationsbeziehungen und öffentliche Servicesysteme im sozialen Wandel. Leske und Budrich, Opladen 2002

HÖPFLINGER, F.: Der Wandel des Alters, In: Sucht Magazin, Nr. 3/2009

INFANGER, P.: Suchtprobleme im Altersheim, In: Sucht Magazin, Nr. 3/2009

JONAS, I.: Wie die Co-Abhängigkeit in der Pflege vermieden werden kann- Erfahrungen eines dreijährigen Modellprojektes, In: Pro Alter, Fachmagazin des Kuratoriums Deutsche Altershilfe, Nr. 1/2006

KIPP, J.: Benzodiazepine im Alter- eine Medikation mit hoher Compiance. In: KRETSCHMAR, C. , HIRSCH, R. D., HAUPT, M., IHL, R., STOPPE, G., WÄCHTLER, C. (Hrsg.): Angst- Sucht- Anpassungsstörungen im Alter, Schriftenreihe der Deutschen Gesellschaft für Gerontopsychiatrie und –psychotherapie, Düsseldorf, Bonn, Saarbrücken, Göttingen, Hamburg 2000

KOHLI, M., KÜNEMUND, H. (Hrsg.): Die zweite Lebenshälfte- Gesellschaftliche Lage und Partizipation im Spiegel des Alters-Survey, 2., erweiterte Auflage, VS Verlag für Sozialwissenschaften/GWV Fachverlage GmbH, Wiesbaden 2005

KRETSCHMAR, C. , HIRSCH, R. D., HAUPT, M., IHL, R., STOPPE, G., WÄCHTLER, C. (Hrsg.): Angst- Sucht- Anpassungsstörungen im Alter, Schriftenreihe der Deutschen Gesellschaft für Gerontopsychiatrie und – psychotherapie, Düsseldorf, Bonn, Saarbrücken, Göttingen, Hamburg 2000

KUNTZ, H.: Der rote Faden in der Sucht – Abhängigkeit überwinden und verstehen, 4. Überarbeitete und erweiterte Auflage, Beltz Verlag, Weinheim und Basel 2000

KÜNEMUND, H., SCHROETER, K. R. (Hrsg.): Soziale Ungleichheiten und kulturelle Unterschiede in Lebenslauf und Alter- Fakten, Prognosen und Visionen, VS Verlag für Sozialwissenschaften/GWV Fachverlage GmbH, Wiesbaden 2008

LAIS, M.: Sucht- (K)ein Thema im Alter- Epidemiologie von Alkohol- und Medikamentenabhängigkeit im dritten Lebensabschnitt und ihre Bedeutung für die Sozialarbeit, Diplomarbeiten Agentur, Hamburg 1999

LEHERR, H.: Suchtbehandlung im Alter lohnt sich, In: Sucht Magazin, Nr. 3/2009

LEWEKE, M.: Epidemiologie von Abhängigkeitsstörungen im Alter. In: KRETSCHMAR, C. , HIRSCH, R. D., HAUPT, M., IHL, R., STOPPE, G., WÄCHTLER, C. (Hrsg.): Angst- Sucht- Anpassungsstörungen im Alter, Schriftenreihe der Deutschen Gesellschaft für Gerontopsychiatrie und -psychotherapie, Düsseldorf, Bonn, Saarbrücken, Göttingen, Hamburg 2000

LOVISCACH; P.: Soziale Arbeit im Arbeitsfeld Sucht – Eine Einführung, Lambertus Verlag, Freiburg im Breisgau 1996

MADER, P., GAßMANN, R.: Suchtprobleme kennen keine Altersgrenze. In: Pro Alter, Fachmagazin des Kuratoriums Deutsche Altershilfe, Nr. 1/2006

MILLER, W. R., ROLLNICK, S.: Motivierende Gesprächsführung, Lambertus Verlag, Freiburg im Breisgau 2009

NAEGELE, G., TEWS, H. P. (Hrsg.): Lebenslagen im Strukturwandel des Alters – Alternde Gesellschaft – Folgen für die Politik, Westdeutscher Verlag, Opladen 1993

OSBORN, C., SCHWEITZER, P., TRILLING, A.: Erinnern. Eine Anleitung zur Biographiearbeit mit alten Menschen. Lambertus-Verlag, Freiburg im Breisgau 1997

PERRIG-CHIELLO, P.: Wohlbefinden im Alter – körperliche, psychische und soziale Determinanten und Ressourcen, Juventa Verlag, Weinheim und München 1997

PETERS, M.: Psychosoziale Beratung und Psychotherapie im Alter, Vandenhoeck & Ruprecht, Göttingen 2006

RÖHR, H. P.: Sucht- Hintergründe und Heilung- Abhängigkeit verstehen und überwinden, 2. Auflage, Patmos Verlag, Düsseldorf 2008

RUHWINKEL, B.: Medikamente im Alter, In: Sucht Magazin, Nr. 3/2009

TEWS, H. P.: Soziologie des Alterns, 3. Neubearbeitete und erweiterte Auflage, Quelle und Meyer, Heidelberg 1979

THIEME, F.: Alter(n) in der alternden Gesellschaft- Eine soziologische Einführung in die Wissenschaft vom Alter(n), VS Verlag für Sozialwissenschaften/GWV Fachverlage GmbH, Wiesbaden 2008

VOGES, W.: Soziologie des höheren Lebensalters- Eine Einführung in die Alterssoziologie und Altenhilfe, Hans-Weinberger-Akademie und Maro Verlag, München und Augsburg 1989

VOGT, I.: Süchtige Alte und ihre Versorgung. In. Sucht Magazin, Nr. 3/2009

WATZL, H., ROCKSTROH, B.: Abhängigkeit und Mißbrauch von Alkohol und Drogen, Hogrefe Verlag für Psychologie, Göttingen, Bern, Toronto, Seattle1997

VON WILMSDORF, M. et al: Alkoholmißbrauch und Alkoholabhängigkeit im Alter- erste Ergebnisse aus der Interdisziplinären Lämgsschnittstudie des Erwachsenenalters (ILSE), In: KRETSCHMAR, C., HIRSCH, R. D., HAUPT, M., IHL, R., STOPPE, G., WÄCHTLER, C. (Hrsg.): Angst- Sucht- Anpassungsstörungen im Alter, Schriftenreihe der Deutschen Gesellschaft für Gerontopsychiatrie und –psychotherapie, Düsseldorf, Bonn, Saarbrücken, Göttingen, Hamburg 2000

WÄCHTLER.C.: Der alte Süchtige im Versorgungssystem. In: KRETSCHMAR, C., HIRSCH, R. D., HAUPT, M., IHL, R., STOPPE, G., WÄCHTLER, C. (Hrsg.): Angst- Sucht- Anpassungsstörungen im Alter,

Schriftenreihe der Deutschen Gesellschaft für Gerontopsychiatrie und -psychotherapie, Düsseldorf, Bonn, Saarbrücken, Göttingen, Hamburg 2000

WETTERLING, T.: Besonderheiten des Alkoholentzugs im Alter. In: KRETSCHMAR, C. , HIRSCH, R. D., HAUPT, M., IHL, R., STOPPE, G., WÄCHTLER, C. (Hrsg.): Angst – Sucht – Anpassungsstörungen im Alter, Schriftenreihe der Deutschen Gesellschaft für Gerontopsychiatrie und -psychotherapie, Düsseldorf, Bonn, Saarbrücken, Göttingen, Hamburg 2000

WIRSING, K.: Psychologisches Grundwissen für Altenpflegeberufe. Ein praktisches Lehrbuch. 5.,überarbeitete Auflage, Beltz- Psychologie Verlags Union, Weinheim 2000

Internetverzeichnis

EICHENBERG, C.: Gesundheit und Krankheit: Definitionen und Modelle, www.christianeeichenberg.de/Gesundheit%20und%20Krankheit%20Final.ppt /06.04.2010

DEUTSCHE HAUPTSTELLE FÜR SUCHTFRAGEN: Sucht und Abhängigkeit- Was ist das?, http://www.suchthilfe-wetzlar.de/hp-dateien/sucht.htm#definition /14.04.2010

MEIER KRESSIG,M., HUSI, G.: Auf den Spuren des Lebens. Eine Weiterentwicklung des Lebenslagenkonzeptes. http://www.socialia.ch/Teaching/Lebenslagekonzept.pdf /30.03.2010

MÜCK, H.: Verhaltenstherapie versus Psychoanalyse, http://www.dr-mueck.de/Wissenschaftsinfos/Praevention/Verhaltenstherapie-versus-Psychoanalyse.htm /10.05.2010

WEBER, B.: Mit Tabletten gegen die Einsamkeit, http://www.dradio.de/dlf/sendungen/studiozeit-ks/1066382 /03.05.2010